C++面向对象程序设计

范青刚　陈　菁　王　忠　编著
马晓丹　　　安　利

西北工业大学出版社
西　安

【内容简介】 本书系统地介绍了C++面向对象程序设计中的类和对象、运算符重载、友元函数及模板类、继承与派生等知识,同时用面向对象的方式实现了顺序表、链表、二叉树等数据结构。

本书结构清晰,语言通俗易懂,示例代码具有专业的编程风格;知识由浅入深、循序渐进,实例丰富,体现了程序设计和数据结构的紧密结合;且非常注重案例的选择和提炼,每个实例都附有运行结果,便于读者学习。

本书可作为高等院校"C++面向对象程序设计"课程的教材,也可作为计算机编程爱好者学习程序开发和编程技术的自学教材。

图书在版编目(CIP)数据

C++面向对象程序设计 / 范青刚等编著. — 西安:西北工业大学出版社,2021.9
 ISBN 978-7-5612-7955-7

Ⅰ.①C… Ⅱ.①范… Ⅲ.①C++语言-程序设计 Ⅳ.①TP312.8

中国版本图书馆 CIP 数据核字(2021)第 177337 号

C++ MIANXIANG DUIXIANG CHENGXU SHEJI
C++ 面 向 对 象 程 序 设 计

| 责任编辑:陈 瑶 | 策划编辑:蒋民昌 |
| 责任校对:曹 江 | 装帧设计:李 飞 |

出版发行:西北工业大学出版社
通信地址:西安市友谊西路 127 号   邮编:710072
电　　话:(029)88491757,88493844
网　　址:www.nwpup.com
印 刷 者:陕西向阳印务有限公司
开　　本:787 mm×1 092 mm   1/16
印　　张:18.25
字　　数:479 千字
版　　次:2021 年 9 月第 1 版   2021 年 9 月第 1 次印刷
定　　价:60.00 元

如有印装问题请与出版社联系调换

前　言

C++是国内外广泛流行的一种面向对象的高级程序设计语言,其功能强大、数据表示丰富、代码运行效率高、可移植性好,适合编写系统软件和各类应用程序。学习C++面向对象程序设计知识,有助于培养读者的算法设计与分析能力、抽象数据描述与表述能力以及利用计算机求解现实问题的计算思维能力。在学完C++程序设计后,读者很容易在其他程序设计语言的学习中举一反三、触类旁通。

本书是笔者在从事多年C++程序设计和数据结构教学及软件开发科研工作的基础上编写而成的。本书通过实例引入,阐述了面向对象程序设计概念及相关语法,将重点放在C++编程思路上,弱化语法,强化计算思维的培养,并适当引入数据结构知识,重在培养读者通过编程解决实际问题的能力。

本书具有以下特点:

1. 以实例引入,强调实践性

在内容的选取上,每一章均以若干与本章知识点相关的实例引入,在精心挑选实例的基础上,讲解实例中涉及的语法知识。为了讲清语法知识,本书还编写了许多练习程序,并附上运行结果。为了方便读者学习,本书附有全套例题程序源代码,请登录"工大书苑"网页端(http://nwpup.iyuecloud.com/)或下载"工大书苑"客户端获取(本书所有例题源代码均通过Visual C++ 2010学习版软件进行了调试)。全书的所有实例自成体系,后续章节的例子常是前面所学例子的进一步升级。全书的实例放在一起,就组成了几个较复杂的应用程序。这些实例能够使读者切身体会到一个程序由简单到复杂,由初级到高级的编写过程。

2. 与数据结构知识结合,编写更加专业的程序

部分章节引入的实例是直接采用面向对象的数据结构来编程的,在解决实际问题的同时也强化了数据结构的相关知识,为更好地理解数据结构奠定了基础。

3.章节之间跨度较小,教学内容呈梯度增加

为了适应不同层次读者的学习需求,教材内容和知识点逐步增加,并在程序实例中备注说明,力求做到通俗易懂。基础较好的读者可以跳跃式学习。

本书第1～3章、第5章由范青刚编写,第4章、第7章由王忠编写,第6章、第8章由陈菁编写,第9章由马晓丹编写,安利进行了大量的程序调试及验证工作。全书由范青刚负责统稿。

由于水平有限,书中难免存在疏漏之处,恳请广大读者批评指正。

编　者
2019年12月

目　录

第1章　C++对C语言非面向对象特性的扩充 ……………………………………… 1

　1.1　输入/输出、局部变量和const修饰符 …………………………………………… 1

　1.2　内存管理、引用和作用域运算符 ………………………………………………… 8

　1.3　命名空间、头文件和函数使用 …………………………………………………… 14

　习题 ……………………………………………………………………………………… 20

第2章　类与对象 ………………………………………………………………………… 21

　2.1　类与结构体的比较 ………………………………………………………………… 21

　2.2　类和类的版式 ……………………………………………………………………… 25

　2.3　对象 ………………………………………………………………………………… 26

　2.4　构造函数和析构函数 ……………………………………………………………… 30

　2.5　类与对象应用实例 ………………………………………………………………… 52

　习题 ……………………………………………………………………………………… 64

第3章　函数及函数应用 ………………………………………………………………… 68

　3.1　函数应用实例 ……………………………………………………………………… 68

　3.2　函数参数的规则 …………………………………………………………………… 73

　3.3　返回值的规则 ……………………………………………………………………… 74

　3.4　函数内部实现的规则 ……………………………………………………………… 76

　3.5　关于函数的其他建议 ……………………………………………………………… 77

　习题 ……………………………………………………………………………………… 77

第4章　用面向对象程序实现线性表 …………………………………………………… 80

　4.1　相关基本概念 ……………………………………………………………………… 80

　4.2　用类实现抽象数据类型SeqList线性表 ………………………………………… 81

　4.3　用类实现抽象数据类型——堆栈 ………………………………………………… 88

　4.4　用类实现抽象数据类型——队列 ………………………………………………… 93

— Ⅰ —

习题 ··· 100

第 5 章 运算符重载、友元函数及模板类 ·· 104

5.1 函数重载的概念 ·· 104
5.2 成员函数的重载、覆盖与隐藏 ··· 106
5.3 参数的缺省值 ·· 109
5.4 静态成员与友元 ·· 110
5.5 运算符重载 ··· 119
5.6 模板 ·· 124
习题 ··· 128

第 6 章 指针与动态对象 ·· 132

6.1 new/delete 的使用要点 ··· 132
6.2 带动态对象的析构函数 ··· 133
6.3 赋值运算符重载 ·· 135
6.4 拷贝构造函数 ·· 136
6.5 动态数组 ··· 138
6.6 用类实现抽象数据类型——字符串 ·· 144
6.7 模式匹配 ··· 158
习题 ··· 160

第 7 章 用类实现链表 ··· 164

7.1 节点类 ·· 165
7.2 构造链表 ··· 168
7.3 设计链表类 ·· 176
7.4 类 LinkedList ·· 179
7.5 LinkedList 类的实现 ··· 184
7.6 用链表实现集合 ·· 190
7.7 实例研究:打印缓冲池 ··· 194
7.8 循环表 ·· 199
7.9 双向链表 ··· 204
习题 ··· 209

第 8 章 用类实现二叉树 ·· 213

8.1 二叉树结构 ·· 216
8.2 设计 TreeNode 函数 ··· 220
8.3 树遍历算法的使用 ··· 223

8.4 二叉搜索树 ……………………………………………………………………… 233
8.5 二叉搜索树的使用 ……………………………………………………………… 238
8.6 BinSTree 的实现 ………………………………………………………………… 242
8.7 实例研究:索引 …………………………………………………………………… 248
习题 ……………………………………………………………………………………… 253

第 9 章 继承与派生 ……………………………………………………………………… 257

9.1 类的继承 ………………………………………………………………………… 257
9.2 派生类继承方式 ………………………………………………………………… 258
9.3 派生类的构造函数和析构函数 ………………………………………………… 264
9.4 虚函数 …………………………………………………………………………… 268
习题 ……………………………………………………………………………………… 278

参考文献 ………………………………………………………………………………… 284

第1章　C++对C语言非面向对象特性的扩充

C++是由C语言演变而来的,它扩充了C语言,又保持了与C语言的兼容性。C++是美国贝尔实验室的Bjarne Stroustrup博士及其同事于20世纪80年代初在C语言的基础上开发的。最初的C++被称为"带类的C",1983年被正式命名为C++。1985年Bjarne Stroustrup博士编写的《C++程序设计语言》一书的出版,标志着C++1.0版本的诞生,此后贝尔实验室又推出了C++2.0、C++3.0、C++4.0版本。1989年,C++的标准化工作开始推进,直到1998年11月被国际标准化组织(ISO)批准为国际标准。

C++在保持了C语言的简洁、高效和接近汇编语言等特点的基础上,又比C更安全,可读性更好,代码更为合理。同时增加了面向对象机制,用于面向对象的程序设计。

本章将介绍C++对C语言在非面向对象特性方面的扩充。

1.1 输入/输出、局部变量和const修饰符

本节对C++的注释、输入/输出、局部变量说明的扩充加以说明,同时将const修饰符与C中的#define加以比较。

1.1.1 C++的注释

C++注释除了包括原有C语言的块注释/*...*/外,还提供了行注释//。如:

```
/*--------------
C++在注释、输入/输出、局部变量说明的扩充,以及const修饰符与C语言中的#define的比较
--------------*/
#include <iostream>    //C++用于支持输入/输出的头文件
#include <stdio.h>     //C语言中用于支持输入/输出的头文件
#define PI 3.14        //C语言中定义常量
```

关于注释的说明:

(1)边写代码边注释,修改代码同时修改相应的注释,以保证注释与代码的一致性。删除不再有用的注释。

(2)注释应当准确、易懂,防止出现二义性。错误的注释不但无益反而有害。

(3)尽量避免在注释中使用缩写,特别是不常用缩写。

(4)注释的位置应与被描述的代码相邻,可以放在代码的上方或右方,不可放在下方。

(5)当代码比较长,特别是有多重嵌套时,应当在一些段落的结束处加注释,以便于阅读。

注释通常用于：
(1)版本、版权声明；
(2)函数接口说明；
(3)重要的代码行或段落提示。

注意：对于/*...*/的注释方式是不能嵌套的，比如/*C++/*C++*/C*/是不允许的，但//的注释是可以嵌套的。

1.1.2 输入/输出

C 语言的输入用 scanf 函数，输出用 printf 函数，在 C++ 中除了可以正常使用这两个函数外，又增加了标准输入流对象 cin 和标准输出流对象 cout，且使用 cin 和 cout 进行输入/输出更安全、方便。

C++ 的输入/输出功能由输入/输出流 iostream 库提供。输入/输出流库是 C++ 中一个面向对象的类层次结构，也是标准库的一部分。

终端输入，也被称为标准输入(standard input)，与预定义的 iostream 对象 cin(发音为 see-in)绑定在一起。终端输出，也被称为标准输出(standard output)，与预定义的 iostream 对象 cout(发音为 see-out)绑定在一起。第三个预定义 iostream 对象 cerr (发音为 see-err) 称为标准错误(standard error)，也与终端绑定。cerr 通常用来产生给程序用户的警告或错误信息。

任何需要使用 iostream 库的程序必须包含相关的系统头文件。在早期的编程环境(如 Visual C++ 6.0)中，调用方式为：

  #include <iostream.h>

而在新的编程环境(Visual C++ 2010 学习版)中，若要使用标准输入流对象 cin 和标准输出流对象 cout，调用该头文件的方式会有所变化，具体为

  #include <iostream>
  using namespace std;

本书所有例题源代码均通过 Visual C++ 2010 学习版软件进行了编程调试，在此说明，后续不再赘述。

输出操作符"<<"用来将一个值导向到标准输出 cout 或标准错误 cerr 上，例如：

  int v1, v2;
  //...
  cout << "The sum of v1 + v2 = ";
  cout << v1 + v2;
  cout << '\n';

双字符序列\n表示换行符(newline)，输出换行符时，将结束当前的行并将随后的输出导向到下一行。

除了显式地使用换行符外，还可以使用预定义的 iostream 操作符 endl 来换行。不写 cout << '\n'；而是写成 cout << endl；。

连续出现的输出操作符可以连接在一起。例如：

  cout << "The sum of v1 + v2 = " << v1 + v2 << endl;

连续的输出操作符按顺序应用在 cout 上。为了便于阅读，连接在一起的输出操作符可以分写在几行。下面的三行组成一条输出语句。

```
cout << "The sum of "
     << v1 << " + "
     << v2 << " = " << v1 + v2 << endl;
```

类似的输入操作符">>"用来从标准输入设备读入一个值。使用 cin 对象,它在程序中用于代表标准输入设备,比如键盘,用于从对象 cin 读取数值传送给右方变量。例如:

```
string file_name;
//...
cout << "Please enter input and output file names: ";
cin >> file_name;
```

连续出现的输入操作符也可以连接起来,例如:

```
string ifile, ofile;
//...
cout << "Please enter input and output file names: ";
cin >> ifile >> ofile;
```

它会按顺序提取数据,存入对应变量,数据之间可以用空格、回车分隔。

当输入的是字符串(即类型为 char *)时,提取运算符">>"会跳过空白字符,读入后面的非空字符,直到遇到另一个空白字符为止,并在串尾放一个字符串结束标志"\0"。因此输入字符串遇到空格时,就当作数据输入结束。

比如:

```
char str[30];
cin>>str;
```

假如从键盘上输入的是 C++C++<>CC!(注意,为了方便阅读,这里的<>表示空格,下同),则输入后 str 的值为 C++C++,后面的 CC! 被忽略了。另一种情况是要检查输入数据与变量的匹配情况。

比如:

```
int x;
float y;
cin>>x>>y;
```

假如从键盘上输入的是 88.88<>99.99,那么结果并非是预想的 x=88,y=99.99,而是 x=88,y=0.88,系统会根据变量的类型来分隔输入的数据。对于上述这种情况,系统把小数点前面的部分给了 x,把剩下的 0.88 给了 y。

[例 1-1-1] 此例是关于求整数和的 C++简单程序,完整程序见 prg1_1_1.cpp。

```
#include <iostream>    //这个文件中声明了流对象 cout,cin 以及<<,>>的定义
using namespace std;
void main( )
{
    int x,y,sum;
    cout<<"Please input two integers:"<<'\n';//提示用户从键盘输入两个整数
    cin>>x;//输入变量 x 值
    cin>>y;//输入变量 y 值
    sum=x+y;
```

cout<<"x+y="<<sum<<endl;//endl 是输出操作符,其作用与"\n"相同
}

运行结果:

```
C:\WINDOW...    —    □    ×
Please input two integers:
14 35
x+y=49
请按任意键继续. . .
```

下面举例说明用于 C++输入的几个重要函数的用法。

1. cin.get()

(1)cin.get()用法 1。

格式:cin.get(字符变量名)//可以用来接收字符

```
#include <iostream>
using namespace std;
void main()
{
    char ch;
    ch=cin.get();            //或者 cin.get(ch);
    cout<<ch<<endl;
}
```

输入:jljkljkl

输出:j

(2)cin.get()用法 2。

格式:cin.get(字符数组名,接收字符数目)//用来接收一行字符串,可以接收空格

```
#include <iostream>
using namespace std;
void main()
{
    char a[20];
    cin.get(a,20);
    cout<<a<<endl;
}
```

输入:jkl jkl jkl

输出:jkl jkl jkl

输入:abcdeabcdeabcdeabcdeabcde (输入 25 个字符)

输出:abcdeabcdeabcdeabcd   (接收 19 个字符+1 个 '\0')

2. cin.getline()

格式:cin.getline()   //接收一个字符串,可以接收空格并输出

```
#include <iostream>
using namespace std;
void main()
{
```

```
        char m[20];
        cin.getline(m,5);
        cout<<m<<endl;
    }
```
输入:jkljkljkl
输出:jklj

接收 5 个字符到 m 中,其中最后一个为'\0',所以只看到 4 个字符输出;如果把 5 改成 20:

输入:jkljkljkl
输出:jkljkljkl
输入:jklf fjlsjf fjsdklf
输出:jklf fjlsjf fjsdklf

cin.getline()实际上有三个参数,cin.getline(接收字符串的变量 m,接收个数 5,结束字符),当第三个参数省略时,系统默认为'\0'。

如果将例子中 cin.getline()改为 cin.getline(m,5,´a´);当输入 jkljkljkl 时,输出 jklj,输入 jkaljkljkl 时,输出 jk。

在多维数组中,也可以用 cin.getline(m[i],20)之类的用法。

```
    #include<iostream>
    #include<string>
    using namespace std;
    void main()
    {
        char m[3][20];
        for(int i=0;i<3;i++)
        {
            cout<<"\n 请输入第"<<i+1<<"个字符串:"<<endl;
            cin.getline(m[i],20);
        }
        cout<<endl;
        for(int j=0;j<3;j++)
            cout<<"输出 m["<<j<<"]的值:"<<m[j]<<endl;
    }
```

请输入第 1 个字符串:kskr1
请输入第 2 个字符串:kskr2
请输入第 3 个字符串:kskr3
输出 m[0]的值:kskr1
输出 m[1]的值:kskr2
输出 m[2]的值:kskr3

3. getline()

格式:getline()   //接收一个字符串,可以接收空格并输出,需包含#include<string>

```
    #include<iostream>
    #include<string>
    using namespace std;
```

```
void main()
{
    string str;
    getline(cin,str);
    cout<<str<<endl;
}
```

输入：jkljkljkl

输出：jkljkljkl

输入：jkl jfksldfj jklsjfl

输出：jkl jfksldfj jklsjfl

和 cin.getline()类似，但是 cin.getline()属于 istream 流，而 getline()属于 string 流，是不一样的两个函数。

1.1.3 C++局部变量

比如函数 func()：

```
func()
{
    int x;
    x=1;
    int y;
    y=2;
    ...
}
```

这个函数在 C 语言中是不允许的，会在编译时出错，并终止编译，但在 C++中是正确的，变量的声明可以和执行语句交替出现，只不过有效作用是有范围限制的，但无论怎么样都要符合"先定义、再使用"的原则。

1.1.4 const 修饰符和 C 语言中 #define 的比较

常量是一种标识符，它的值在运行期间恒定不变。C 语言用 #define 来定义常量（称为宏常量）。C++语言除了 #define 外还可以用 const 来定义常量（称为 const 常量）。

如：

　　#define PI 3.14;

程序编译时，标识符 PI 被全部置换为 3.14。在预编译后，程序中不再出现 PI 这个标识符，PI 不是变量，没有类型，不占存储单元，且易出错。

但如果这样定义常量：

　　const float PI = 3.14159;

或

　　float const PI=3.14159;

两者作用相同，这时 PI 有类型，占用存储单元，有地址，可以用指针指向它。

如果不使用常量，直接在程序中填写数字或字符串，将会有以下问题。

（1）程序的可读性变差。程序员自己会忘记那些数字或字符串表示什么意思，用户则更加不知它们从何处来、表示什么。

（2）在程序的很多地方输入同样的数字或字符串，难免发生书写错误。

（3）如果要修改数字或字符串,则须在很多地方进行改动,既麻烦又容易出错。

因此,应尽量使用含义直观的常量来表示那些在程序中多次出现的数字或字符串。例如:

  ♯define MAX　　100/＊　C 语言的宏常量　　＊/

  const int MAX ＝ 100；// C＋＋ 语言的 const 常量

  const float　　PI ＝ 3.14159；　　// C＋＋ 语言的 const 常量

const 比 ♯define 定义常量具有如下优点:

（1）const 常量有数据类型,而宏常量没有数据类型。编译器可以对前者进行类型安全检查,而对后者只进行字符替换,没有类型安全检查,并且进行字符替换时可能会产生意料不到的错误。

（2）有些集成化的调试工具可以对 const 常量进行调试,但是不能对宏常量进行调试。

如果某一常量与其他常量密切相关,应在定义中包含这种关系,而不应给出一些孤立的值。

比如:

  const int　　RADIUS ＝ 100；

  const int　　DIAMETER ＝ RADIUS ＊ 2；

如果 const 定义的是一个整型常量,那么关键字 int 可省略。

例如:

  const　　RADIUS ＝ 100；

  const　　DIAMETER ＝ RADIUS ＊ 2；

1.1.5　源程序示例

[例 1－1－2]　此例用以总结本节内容,完整程序见 Prg1_1_2.cpp。

/＊ C＋＋在注释、输入/输出、局部变量说明的扩充,以及 const 修饰符与 C 中的 ♯define 的比较 ＊/

```
♯include <iostream>
using namespace std;
♯include <stdio.h>
♯define PI 3.14 //C 中定义常量
void main()
{
    int x;
    float y;
    //C 和 C＋＋的输入/输出的比较
    printf("scanf:请输入一个整数:\n");
    scanf("%d",&x);
    printf("prinf:所输入的整数:%d\n",x);
    cout<<"cin:请输入一个整数,一个浮点数:"<<endl;
    cin>>x>>y;
    cout<<"cout:输入的整数:"<<x<<" 浮点数:"<<y<<endl;
```

```
    //C++中 cin 的一些注意点
    char *str=new char[20];//局部变量说明
    cout<<"请输入一个字符串:"<<endl;
    cin>>str;
    cout<<"所输入的字符串:"<<str<<endl;
    cout<<"请输入一个整数,一个浮点数:"<<endl;
    cin>>x>>y;
    cout<<"输入的整数:"<<x<<"浮点数:"<<y<<endl;
    //const 的运用
    const double pi=3.14; //或 double const pi=3.14
    cout<<"#define: PI "<<PI<<endl;
    cout<<"const:pi  "<<pi<<endl;
}
```

运行结果:

1.2 内存管理、引用和作用域运算符

本节将从强制类型转换、内存的申请和释放、引用及作用域运算符"::"讲解 C++对 C 语言非面向对象特性的扩充。

1.2.1 强制类型转换

在 C 语言中有强制类型的转换,比如:

  int x=1;
  double y=(double)x;

而 C++不但支持这种格式,还提供了一种类似于函数格式的转换。

  int x=1;
  double y=double(x);

1.2.2 new 和 delete

C 语言中的 malloc 和 free 函数被用于动态分配内存和释放动态分配内存。在 C++中,不但保留了这两个函数,而且使用运算符 new 和 delete 以更好地进行内存的分配和释放。

内存分配的基本形式:

第 1 章 C++对 C 语言非面向对象特性的扩充

指针变量名=new 类型

如：

  int * x;

  x=new int;

或

  char * chr;

  chr=new char;

释放内存(delete 指针变量名)：

  delete x;

  delete chr;

虽然 new 和 delete 的功能与 malloc 和 free 相似，但是前者有如下几个优点：

(1) new 可以根据数据类型自动计算所要分配的内存大小，而 malloc 必须使用 sizeof 函数来计算所需要的字节。

(2) new 能够自动返回正确类型的指针，而 malloc 的返回值一律为 void * ，必须在程序中进行强制类型转换。

new 还可以为数组动态分配内存空间。

如：

  int * array=new int[10];

  int * xyz=new int[8][9][10];

释放时用

  delete []array;

  delete []xyz;

(3) new 可以在给简单变量分配内存的同时初始化。

比如：

  int * x=new int(100);

但不能对数组进行初始化。有时候如果没有足够的内存满足分配要求，则有些编译系统将会返回空指针 NULL。

[例 1 - 2 - 1] new 和 delete 的应用，完整程序见 prg1_2_1.cpp。

```cpp
#include <iostream>
using namespace std;
#include <process.h>//执行 exit(1)的头文件，C 中也可以用<stdlib.h>
void main()
{
    int * p;
    p=new int;
    if(! p)
    {
        cout<<"分配内存失败!"<<endl;
        exit(1);//程序非正常结束
    }
    *p=10;//10 赋值给指针 p 所指向的单元
```

```
        cout<< * p<<endl;//显示指针 p 所指单元的内容为 10
        delete p;//不再使用时应及时动态释放指针所指向的单元
}
```

运行结果：

通过动态分配内存空间：一方面可以实时释放不再使用的内存空间,以提高内存利用率；另一方面,可以合理地利用内存空间,避免不必要的浪费。在内存申请的时候,总是知道分配空间的用处,而且分配空间大小总是某个数据类型的整数倍。因此 C++用 new 代替 C 语言的 malloc()是必然的。

1.2.3 引用与指针的比较

先解释一下 C++的引用(reference),打个比方,一个人可能有三四个名字,但顶着这三四个名字所做的事,其实都是那一个人所做的。引用就是给变量起了个别名。

引用格式：类型 & 引用名=已定义的变量名。

[例 1-2-2] 引用示例,完整程序见 prg1_2_2.cpp。

```
#include<iostream>
using namespace std;
void main()
{
        int x=100;
        int &y=x;
        x=50;
        cout<<"x="<<x<<endl;
        cout<<"y="<<y<<endl;
        y=0;
        cout<<"x="<<x<<endl;
        cout<<"y="<<y<<endl;
}
```

运行结果：

实际上,引用与其所代表的变量共享同一个内存单元,系统不为引用另外分配存储空间,编译系统使引用和其代表的变量具有相同地址。

```
#include <iostream>
using namespace std;
void main()
```

```
    {
        int x=100;
        int &y=x;
        x=50;
        cout<<"变量 x 的地址:"<<&x<<endl;
        cout<<"引用 y 的地址:"<<&y<<endl;
    }
```

运行结果:

使用引用要注意以下几点。

(1) 在声明引用时,必须立即对它进行初始化,不能声明完后再赋值。如下做法是错误的。

```
    int x=10;
    int &y;
    y=x;
```

(2) 引用的类型必须和给其赋值的变量的类型相同,如下做法是错误的。

```
    int x;
    double &y=x;
```

(3) 为引用提供的值,可以是变量,也可以是引用。

```
    int x=5;
    int &y=x;
    int &z=y;
```

(4) 引用在初始化后不能再被重新声明为另一个变量的引用。

```
    int x,y;
    int &z=x;
    z=&y;
```

其实引用主要的用途就在于作为函数的参数。回顾一下,以前在 C 语言中传递函数参数有两种情况,分别是"传值调用"和"传址调用",前者传递是单向的,后者为双向。而引用作为函数参数传递,则是"传址调用",它和 C 语言中指针作为参数传递的效果是一致的,只不过它不用像指针一样,需要间接引用运算符"*"。通过例 1-2-3,比较这两种方法。

[例 1-2-3] C 语言中的参数传递与引用的比较,完整程序见 prg1_2_3.cpp。

```
    #include<iostream>
    using namespace std;
    void swap(int * x,int * y)
    {
        int temp;
        temp= * x;
        * x= * y;
        * y=temp;
    }
```

```
void swap(int &x,int &y)
{
    int temp;
    temp=x;
    x=y;
    y=temp;
}
void main()
{
    int i=10,j=5;
    cout<<"i="<<i<<" j="<<j<<endl;
    swap(&i,&j);
    cout<<"i="<<i<<" j="<<j<<endl;
    swap(i,j);
    cout<<"i="<<i<<" j="<<j<<endl;
}
```

运行结果：

关于引用，还要注意以下几点。

(1)不能建立引用数组。如：

  int a[4]="abcd";

  int &array[4]=a;

(2)不能建立引用的引用，不能建立指向引用的指针。如：

  int x=50;

  int &&y=x;

  int &z=x;

  int * p=z;

(3)可以把引用的地址赋给指针。

(4)可以用const对引用加以限定，不允许改变引用的值。如：

  int x=10;

  const int &t=x;

  t=5; //不允许

但是x=5却可以，此时x和t都等于5。

(5)引用运算符和地址操作符虽然都是&，但引用只是在声明时才用，其他场合使用&都是地址操作符。如：

  int x=5;

  int &y=x; //引用

  y=10;

```
int *z=&y;     //& 为地址操作符
cout<<&z;      //& 为地址操作符
```

引用与指针的区别如下。

(1)引用被创建的同时必须被初始化(指针则可以在任何时候被初始化)。

(2)不能有 NULL 引用,引用必须与合法的存储单元关联(指针则可以是 NULL)。

(3)一旦引用被初始化,就不能改变引用的关系(指针则可以随时改变所指的对象)。

1.2.4 作用域运算符"::"

如果有两个同名变量,一个是全局的,一个是局部的,那么局部的变量在其作用域拥有较高的优先权,全局变量则被屏蔽。如果希望在局部变量的作用域里使用全局变量,就要用到作用域运算符。如:

```
#include<iostream>
using namespace std;
int x;
void main()
{
    int x;
    x=50;
    ::x=100;
    cout<<"局部变量 x="<<x<<endl;
    cout<<"全局变量 x="<<::x<<endl;
}
```

运行结果:

1.2.5 源程序示例

[例 1-2-4] 此例用以总结本节内容,完整程序见 prg1_2_4.cpp。

```
#include<iostream>
using namespace std;
int x=10;              //全局变量
void swap(int *x,int *y)//指针类型的参数
{
    int temp;
    temp=*x;
    *x=*y;
    *y=temp;
}
void swap(int &x,int &y)//带有引用类型的参数
```

```
    {
        int temp;
        temp=x;
        x=y;
        y=temp;
    }
    void main()
    {
        double * y=new double(5.55);
        //new 动态分配内存空间,字节大小和 double 类型所占字节一样,并初始化值
        int x=double(* y);//强制类型转换
        cout<<"局部变量 x="<<x<<" 全局变量 x="<<::x<<endl;
        swap(&x,&::x);
        cout<<"局部变量 x="<<x<<" 全局变量 x="<<::x<<endl;
        swap(x,::x);
        cout<<"局部变量 x="<<x<<" 全局变量 x="<<::x<<endl;
        delete y;//释放内存空间
    }
```

运行结果：

1.3 命名空间、头文件和函数使用

1.3.1 C++的命名空间

一个大型软件通常由多个模块组成,这些模块往往是由不同的人合作完成的,最后组成一个完整的程序。假如不同的人分别定义了函数和类,放在不同的头文件中,当主文件需要用到这些函数和类时,用#include 命令行将这些头文件包括进来。但由于各个头文件是由不同的人设计的,可能在不同的头文件中会由相同的名字来定义函数或类,这样就会出现命名冲突的问题。同时,如果在程序中用到第三方类库,也会出现同样的问题。为解决这一问题,ANSI/ISO C++引入命名空间,即一个由程序设计者命名的内存区域。程序设计者根据需要指定命名空间,并将命名空间中声明的标识符和命名空间关联起来,以保证不同命名空间的同名标识符不发生冲突。

命名空间的一般格式：

```
namespace 命名空间名
{
    标识符 1;
```

标识符 2；
　　}

大括号内是命名空间的作用域。在标准输入/输出流中用到过一个 C++指定的标准命名空间 std。using namespace std 语句，其含义就是使用标准命名空间 std。它是单词 standard 的缩写，标准 C++库中的所有标识符都在这个命名空间中，比如常用到的 iostream 头文件中的函数、类、对象等都在 std 命名空间中定义。

如果要调用命名空间里的函数、类、对象等，有两种方法。

(1)在原文件中使用"using namespace 命名空间名"，再直接调用标识符；
(2)在标识符前面加上命名空间以及作用域运算符"∷"。

[例 1-3-1]　命名空间的使用，首先自定义头文件 university.h。

```
namespace Peking    //声明命名空间 Peking
{
    int rank=47;      //标识符
}
namespace Tsinghua  //声明命名空间 Tsinghua
{
    int rank=54;      //与 Peking 同名标识符
}
```

然后使用文件 university.h 及命名空间，完整程序见 prg1_3_1.cpp：

```
#include <iostream>
#include "university.h"    //加载头文件 university.h
using namespace Peking；   //显式使用头文件 university.h 中的命名空间 Peking
void main()
{
    std::cout<<"世界大学排名(2010)"<<std::endl；
    //rank 等同于 Peking::rank
    std::cout<<"北京大学:"<<rank<<std::endl；
    //标识符 rank 前面加上命名空间 Tsinghua 以及作用域运算符"∷"
    std::cout<<"清华大学:"<<Tsinghua::rank<<std::endl；
}
```

运行结果：

```
C:\WIN...    —    □    ×
世界大学排名(2010)
北京大学:47
清华大学:54
请按任意键继续...
```

1.3.2　C++中头文件的命名规则

C++/C 程序的头文件以".h"为后缀，C 程序的定义文件以".c"为后缀，C++程序的定义文件通常以".cpp"为后缀(也有一些系统以".cc"或".cxx"为后缀)。

因为 C++是从 C 语言发展而来的，为了与 C 语言兼容，C++保留了 C 语言中的一些规定,其中就包括用".h"作为后缀的头文件,比如大家所熟悉的 stdio.h、math.h 和 string.h 等。但后来 ANSI/ISO C++ 建议头文件不带后缀".h"。为了使原来编写的 C++ 的程序能够运行,C++ 程序中的头文件既可以采用不带后缀的头文件,也可以采用 C 语言中带后缀的头文件。在 C++ 中可以使用这两种形式的头文件,但有几点须注意。

(1)如果 C++ 程序中使用了带后缀".h"的头文件,就不必在程序中声明命名空间,只要文件中包含头文件即可。

(2)C++ 标准要求系统提供的头文件不带后缀".h",但为了表示 C++ 与 C 语言的头文件既有联系又有区别,C++ 中所用头文件不带后缀".h",而是在 C 语言的相应头文件名之前加上前缀 c。如:

```
#include <cstdio>  //等同于 C 语言中的 #include<stdio.h>
#include <cmath>   //等同于 C 语言中的 #include<math.h>
```

1.3.3 内联函数

内联函数就是在函数说明前冠以关键字"inline",当 C++ 在编译时,使用函数体中的代码插入到要调用该函数的语句之处,同时用实参代替形参,以便在程序运行时不再进行函数调用。

[例 1-3-2] 内联函数的使用,完整程序见 prg1_3_2.cpp。

```
#include <iostream>
using namespace std;
inline int add(int a,int b)
{
    return a+b;
}
void main()
{
    int x,y,sum;
    cout<<"请输入两个整数 x 和 y 的值:"<<endl;
    cin>>x>>y;
    sum=add(x,y);
    cout<<"x+y="<<sum<<endl;
}
```

运行结果:

```
C:\WINDO...   —   □   ×
请输入两个整数x和y的值:
34 56
x+y=90
请按任意键继续...
```

虽然结果与普通函数没有区别,但在编译过程中,当遇到内联函数 add(x,y)时,须用函数体代替 add(x,y),用实参代替形参,如:

sum=add(x,y)

被替换成
```
{
    int a=x;
    int b=y;
    sum=a+b;
}
```

引入内联函数主要是为消除函数调用时的系统开销,以提高系统的运行速度。在程序执行过程中调用函数,系统要将程序当前的一些状态信息保存到栈中,同时转到函数的代码处去执行函数体,这些参数的保存和传递过程需要时间和空间的开销,使得程序运行效率降低。

但是并不是任意函数都可以定义为内联函数,一般情况下,只有规模很小且使用频繁的函数才定义为内联函数,这样可以提高程序运行效率。

1.3.4 函数的重载

函数重载的意思是只要函数参数的类型不同,或者参数的个数不同,或者两者兼而有之,则两个或两个以上的函数可以使用相同的函数名。例如:

```
int add(int x,int y)
{
    return x+y;
}
float add(float x,float y)//函数重载
{
    return x+y;
}
void main()
{
    float c,d,sum;
    cout<<"请输入两个单精度数:";
    cin>>c>>d;
    sum=add(c,d);
    cout<<"重载加法函数:c+d="<<sum<<endl;
}
```

此时,自动调用的是执行单精度运算的函数。

注意:①函数返回值不在函数参数匹配检查之列。②函数重载与带默认参数的函数一起使用,可能引起二义性。比如:

```
int fun(int x=0,int y=10)
{
    return x+y;
}
int fun(int r)
{
    return r;
```

}

此时如果这样调用 fun(10),会引起歧义。

注意:如果函数调用给出的实参和形参类型不符,C++会自动执行类型转换,转换成功后会继续执行,但是在这种情况下可能会出现不可识别的错误。比如:

  int add(int x,int y)和 long add(long,long)

这时候如果调用 add(9.9,8.8),将无法判断到底执行哪一个函数。

1.3.5 带有默认参数的函数

在 C 语言中,如果函数调用的位置在函数定义之前,那么在函数调用之前要对函数原型进行声明或调用之前就把函数直接定义好。比如:

```
#include<stdio.h>
int add(int x,int y);
void main()
{
    int x,y,sum;
    printf("请输入两个整数:\n");
    scanf("%d,%d",&x,&y);
    sum=add(x,y);
    printf("x+y=%d",sum);
}
int add(int x,int y)
{
    return x+y;
}
```

此时函数原型的声明必须是 int add(int x,int y);对函数名称、参数类型和个数,以及返回值都必须进行说明。

以上这种形式在 C++里也等同于 int add(int ,int)。

如果在原型说明中没有指出返回类型,C++默认返回类型为 int,不需要返回值,就用 void,另外标准 C++要求的 main 函数的返回值应该为 int(本书为了表述简单,仍将 main 的返回值类型定义为 void)。

一般情况下,实参的个数应该和形参的相同,但在 C++中则不一定,方法是在说明函数原型时,为一个或多个形参指定默认值,以后调用此函数,如省略其中一个实参,C++就会自动地将默认值作为相应参数的值。

比如 int add(int x=10,int y=10),那么在调用该函数时可采用以下三种写法。

```
add(50,50)      //结果为 50+50;
add(50)         //结果为 50+10;
add()           //结果为 10+10;
```

这样使函数更加灵活。但要注意的是,默认参数必须在参数列表的最右端。以下写法是错误的。

  int add(int x,int y=10,int z)

同时还要注意不允许某个参数省略后,再给其后的参数指定参数值。

如果函数定义在函数调用之后,则函数调用之前需要函数声明,此时必须在函数声明中给出默认值,在函数定义时就不要给出默认值了(有的C++编译系统会给出"重复指定默认值"的错误信息)。

1.3.6 源程序示例

[例1-3-3] 通过此例总结本节的内容(完整程序见Prg1_3_3.cpp)。

```cpp
#include <iostream>
using namespace std;
int add(int x,int y);           //或 int add(int,int)
inline int sub(int x,int y)//内联函数
{
    return x-y;
}
double mul(double x=10.0,double y=10.0);//带有默认参数的函数
float add(float x,float y)//函数重载
{
    return x+y;
}
void main()
{
    int x,y,result;
    cout<<"请输入两个整数:";
    cin>>x>>y;
    result=add(x,y);
    cout<<"普通函数(加法):x+y="<<result<<endl;
    cout<<"请输入两个整数:";
    cin>>x>>y;
    result=sub(x,y);
    cout<<"内联函数(减法):x-y="<<result<<endl;
    double a,b,mul_result;
    cout<<"请输入两个双精度数:";
    cin>>a>>b;
    mul_result=mul(a,b);
    cout<<"带有默认参数的函数(乘法):a*b="<<mul_result<<endl;
    float c,d,sum;
    cout<<"请输入两个单精度数:";
    cin>>c>>d;
    sum=add(c,d);
    cout<<"重载加法函数:c+d="<<sum<<endl;
}
```

```
int add(int x,int y)
{
    return x+y;
}
double mul(double x,double y)
{
    return x * y;
}
```

运行结果：

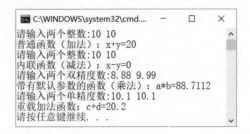

习　题

1. 简述 const 与 #define 的区别。
2. 以下代码可打印出什么内容？

    ```
    cout<<char(86)<<" "<<int('q')<<" "<<
    char(int('0')+8)<<endl;
    ```

3. 现有以下字符串变量声明：

    ```
    char a1[50],a2[50];
    ```

并有输入语句：

    ```
    cin>>a1>>a2;
    ```

对于输入行"George flics"，a1 和 a2 的值分别是多少？若输入以下文本，则 a1 和 a2 的值分别是多少？

    Next
    <><><><><>Word

4. 编写一个程序，读入一个文本文件并打印出标点符号(,。!?)的出现次数。

第 2 章 类与对象

本章介绍C++面向对象程序设计方面的有关知识,主要包括类与对象、构造函数与析构函数等。

2.1 类与结构体的比较

为了说明类与对象的关系,从大家已经熟悉的C结构体开始说起,请看一个程序实例(prg2_1_1.cpp)。

```cpp
#include <iostream>
using namespace std;
struct Kid
{
    int age;
    char * name;
    char * sex;
};
void main()
{
    Kid kid1;
    kid1.age=20;
    kid1.name="张云飞";
    kid1.sex="男";
    cout<<"姓名:"<<kid1.name<<endl<<"年龄:"
        <<kid1.age<<endl<<"性别:"<<kid1.sex<<endl;
}
```

运行结果:

从该例可看出C语言中的结构体存在以下缺点:

(1)main 函数中的任意赋值语句都可以访问结构体中的成员,但并不是任意数据都可以被随意访问,因此 C 语言中的结构体的数据是不安全的。

(2)结构体中的数据和对该数据的操作是分离的,并不是一个被封装起来的整体,因此使程序难以重用,影响了软件运行效率。

针对以上缺点,C++中引入了类的概念。C++中类的一般格式为:

```
class Kid
{
    private:
        int age;           //私有成员
        char * name;
        char * sex;
    public:           //公有成员
        void setKid(int age_v,char * name_v,char * sex_v);
        void showKid();
};
```

C++中规定如果没有对类的成员加私有(private)、保护(protected)或公有(public),则默认为是私有的。而对于 C++的结构体来说,成员可以是私有的、保护的或公有的,但默认为公有的。

注意:不能在类的声明中给数据成员赋值,以下做法是错误的。

```
class Kid
{
    private :
        int age=10;
        char * name="张云飞";
        char * sex="男";
};
```

一般情况下,一个类的数据成员应该声明为私有的,成员函数声明为公有的。这样,内部的数据隐藏在类中,在类的外部无法直接访问,使数据得到有效的保护。而公有的成员函数就成为一种与类外部沟通的接口。

C++中的成员函数有两种,一种为普通成员函数,如下面的 setKid 和 showKid 均为普通成员函数。

```
class Kid
{
    private:
        int age;
        char * name;
        char * sex;
    public:
        void setKid(int age_v,char * name_v,char * sex_v);
```

```
        void showKid();
};
void Kid::setKid(int age_v,char * name_v,char * sex_v)
{
    age=age_v;
    name=name_v;
    sex=sex_v;
}
void Kid::showKid()
{
    cout<<"姓名:"<<name<<endl<<"年龄:"
        <<age<<endl<<"性别:"<<sex<<endl;
}
```

另外一种为内联成员函数,在类中内联函数又分显式声明和隐式声明。

隐式声明:

```
class Kid
{
    private:
        int age;
        char * name;
        char * sex;
    public:
        void setKid(int age_v,char * name_v,char * sex_v)
        {
            age=age_v;
            name=name_v;
            sex=sex_v;
        }
        void showKid()
        {
            cout<<"姓名:"<<name<<endl<<"年龄:"
                <<age<<endl<<"性别:"<<sex<<endl;
        }
};
```

因为这种定义的内联成员函数没有使用关键字 inline 进行声明,因此叫隐式声明。

显式声明:

```
class Kid
{
    private:
        int age;
```

```
        char * name;
        char * sex;
    public:
        inline void setKid(int   age_v,char * name_v,char * sex_v);
        inline void showKid();
};
inline void Kid::setKid(int   age_v,char * name_v,char * sex_v)
{
    age= age_v;
    name= name_v;
    sex= sex_v;
}
inline void Kid::showKid()
{
    cout<<"姓名:"<<name<<endl<<"年龄:"
        <<age<<endl<<"性别:"<<sex<<endl;
}
```

内联函数的调用就是代码的扩展,而不是一般函数的调用操作。要注意的是,使用 inline 定义的内联函数必须将类的声明和内联成员函数的定义都放在同一个文件中,否则编译时无法进行代码的置换。

上述例子中在类名和函数名之间加上了作用域运算符"::",用于声明这个成员函数是属于哪一个类的,如果在函数名前没有类名,或既无类名又无作用域运算符"::",比如 ::showKid()或 showKid(),那么这个函数不属于任何类,不是成员函数,而是普通函数。

在类的声明中,成员函数原型的参数表中可以不说明参数的名字,只说明它的类型,但在类外定义时必须同时说明参数类型和参数名。

综上所述,类是一种抽象数据类型,是对具有共同属性和行为的对象(事物)的抽象描述。类可以将数据和函数封装在一起,其中函数表示类的行为(或称服务),类提供关键字 public、protected 和 private,分别用于声明哪些数据和函数是公有的、受保护的或者是私有的,以达到信息隐藏的目的,即让类仅公开必须让外界知道的内容,而隐藏其他一切内容。

类的一般定义格式如下:

```
    class  <类名>
    {
        private:
            <私有数据成员和成员函数>;
        protected:
            <保护数据成员和成员函数>;
        public:
            <公有数据成员和成员函数>;
    }
```

<各个成员函数的实现>；

其中，class 是定义类的关键字。<类名>是一个标识符，用于唯一标识一个类。一对大括号内是类的说明部分，说明该类的所有成员。类的成员包括数据成员和成员函数两部分。

定义类的成员函数的格式如下。

返回类型 类名::成员函数名(参数说明)
{
　　函数体
}

类的成员函数对类的数据成员进行操作，成员函数的定义可以直接写在类的定义中。如：

```
class Circle
{
    private:
        float   radius;
    public:
        Circle(float r): radius(r){}
        float Circumference() const
        {
            return 2 * PI * radius;
        }
        float Area() const
        {
            return PI * radius * radius;
        }
};
```

注意：此时每个函数后面的分号可以省略。

类的成员函数也可以另外定义，在类定义时给出函数头。在类定义体外定义成员函数时，需在函数名前加上类域标记"::"，因为类的成员变量和成员函数属于所在的类域，在域内使用时，可直接使用成员名字；在域外使用时，需在成员名外加上类对象的名称。

2.2　类和类的版式

类的版式主要有以下两种方式。

(1) 将 private 类型的数据写在前面，而将 public 类型的函数写在后面，如图 2-1(a)所示。采用这种版式的程序主张类的设计"以数据为中心"，重点关注类的内部结构。

(2) 将 public 类型的函数写在前面，而将 private 类型的数据写在后面，如图 2-1(b)所示。采用这种版式的程序主张类的设计"以行为为中心"，重点关注的是类应该提供什么样的接口(或服务)。

(a)	(b)
| ```
class A
{
  private:
    int    i, j;
    float  x, y;
    ...
  public:
    void Func1(void);
    void Func2(void);
    ...
}
``` | ```
class A
{
  public:
    void Func1(void);
    void Func2(void);
    ...
  private:
    int    i, j;
    float  x, y;
    ...
}
``` |

图 2-1 类的版式

(a)以数据为中心的版式；(b)以行为为中心的版式

访问限定符有 public、private 和 protected。通过定义类的可访问部分和不可访问部分，来实现抽象与封装。说明为公有的成员可以被程序中的任何代码访问；说明为私有的成员只能被类本身的成员函数及友元类的成员函数访问，其他类的成员函数，包括其派生类的成员函数都不能访问它们；说明为保护的成员与私有成员类似，只是除了类本身的成员函数和说明为友元类的成员函数可以访问保护成员外，该类的派生类的成员也可以访问。

2.3 对　　象

在 C++中，类与对象的关系可以用数据类型 int 和整型变量 i 之间的关系来类比。int 类型和类的类型代表一种抽象的概念，而整型变量和类的对象代表具体的内容。C++把类的变量称为类的对象，对象也被称为类的实例，类的对象可以这样声明：

```
class Kid
{
    private:
        int age;
        char * name;
        char * sex;
    public:
        inline void setKid(int  age_v,char * name_v,char * sex_v);
        inline void showKid();
}kid1,kid2;
```

kid1,kid2 是类 Kid 的两个对象。也可以是声明了类后，使用时再定义对象，如：

    Kid kid1,kid2;

声明一个类后，它并不接收和存储具体的值，只作为生成具体对象的一种"样板"，只有定义了对象后,系统才为对象分配存储空间,以存放对象中的成员。

访问对象中的成员可以采用的方法包括:

(1) 通过对象名加上"."运算符访问对象的数据成员或者成员函数,如:

```
kid1.setKid(20,"张云飞","男");
```

(2) 通过指针访问对象中的成员,如:

```
class Kid
{
public:
int age;
};
Kid kid,* ptr;
ptr=&kid;
cout<<ptr->age;
```

最后一句也可以写成:

```
cout<<(* ptr).age;
```

(3) 通过引用访问对象中的成员,如

```
class Kid
{
public:
int age;
};
Kid kid;
Kid &ptr=kid;
cout<<ptr.age
cout<<kid.age;
```

[例 2-3-1] 通过例题学习定义对象及访问对象中成员的方法,完整程序见 prg2_3_1.cpp。

```
#include <iostream>
using namespace std;
struct struct_Kid //结构体
{
    int age0; //默认公有
    char * name0;
    char * sex0;
}kid1;
class Kid
{
    int age; //默认私有
```

```cpp
    private：//私有
        char * name;
        char * sex;
    public：//公有
        inline void setKid(int  age_v,char * name_v,char * sex_v);//显式内联
        void showKid()//隐式内联
        {
            cout<<"类:"<<endl<<"姓名:"<<name<<endl;
            cout<<"年龄:"<<age<<endl<<"性别:"<<sex<<endl;
        }
}kid2;//直接定义对象
inline void Kid∷setKid(int  age_v,char * name_v,char * sex_v)
{
    age=age_v;
    name=name_v;
    sex=sex_v;
}
void main()
{
    //结构体
    kid1.age0=20;
    kid1.name0="陈天杨";
    kid1.sex0="男";
    cout<<"结构体:"<<endl<<"姓名:"<<kid1.name0<<endl;
    cout<<"年龄:"<<kid1.age0<<endl<<"性别:"<<kid1.sex0<<endl;
    cout<<"--------"<<endl;
    //类
    Kid kid3,* ptr;
    Kid &kid4=kid3;
    ptr=&kid2;
    ptr->setKid(0,"张云飞","男");//也可以写为:kid2.setKid(21,"张云飞","男");
    kid2.showKid();
    cout<<"---------"<<endl;
    //指针调用成员函数
    (* ptr).setKid(19,"安娜","女");//或 ptr->setKid(19,"安娜","女");
    ptr->showKid();    //也可以写为:kid2.showKid();
    cout<<"---------"<<endl;
    //对象名调用成员函数
    kid3.setKid(20,"陆楠","男");
    kid3.showKid();
```

```
        cout<<"---------"<<endl;
        //引用调用成员函数
        kid4.setKid(21,"邢笑笑","女");
        kid3.showKid();//kid4 等同于 kid3
}
```

运行结果：

对象是类的具体化，是类的实例。类只是创建对象的模板，为了使用类，还必须说明类的对象。在定义类时，系统是不会给类分配存储空间的，只有定义类对象时才会给对象分配相应的内存空间。

类可有其子类，也可有其他类，形成类层次结构。

定义类对象的格式如下：

    <类名>　　<对象名表>；

其中，<类名>是待定的对象所属的类的名字，即所定义的对象是该类的对象。<对象名表>中可以有一个或多个对象名，多个对象名用逗号分隔。在<对象名>中，可以是一般的对象名，还可以是指向对象的指针名或引用名，也可以是对象数组名。

一个对象的成员就是该对象的类所定义的成员。对象成员包括数据成员和成员函数。一般对象的成员表示如下：

    <对象名>.<成员名>

或者

    <对象名>.<成员名>(<参数表>)

前者用于表示数据成员，后者用于表示成员函数。这里的"."是一个运算符，该运算符的功能是表示对象的成员。

指向对象的指针的成员表示如下。

<对象指针名>－><成员名>

或者

<对象指针名>－><成员名>(<参数表>)

同样,前者用于表示数据成员,后者用于表示成员函数。这里的"－>"是一个表示成员的运算符,它与"."运算符的区别是:"－>"用来表示指向对象的指针的成员,而"."用来表示一般对象的成员。

对于数据成员和成员函数,以下两种表示方式是等价的:

(1) <对象指针名>－><成员名>。

(2) (*<对象指针名>).<成员名>。

2.4 构造函数和析构函数

2.4.1 构造函数

构造函数是一种特殊的成员函数,它主要用于对象初始化。构造函数的名字必须与类名相同,可以有任何类型的参数,但不返回任何值,是在建立对象时自动执行的。例如:

```
class Kid
{
    private:
        int age;
        char * name;
        char * sex;
    public:
        Kid (int age_v,char * name_v,char * sex_v);
        void showKid();
};
Kid::Kid (int age_v,char * name_v,char * sex_v)
{
    age= age_v;
    name= name_v;
    sex= sex_v;
}
void Kid::showKid()
{
    cout<<"姓名:"<<name<<endl<<"年龄:"
        <<age<<endl<<"性别:"<<sex<<endl;
}
```

建立对象并初始化:

> Kid kid(20,"张云飞","男");

另外可以使用 new 运算符动态建立对象：

> Kid * ptr=new Kid(20,"张云飞","男");

通过指针变量 ptr 来访问：

> ptr->showKid();

当用 new 建立对象时，如果不再使用它了，要用 delete 运算符释放：

> delete ptr;

和普通成员函数一样，如果构造函数定义在类体内部，则作为内联函数处理。

对数据成员的初始化一般在构造函数中用赋值语句进行，但 C++还提供了另外一种初始化数据成员的方法——用成员初始化表来实现对数据成员的初始化。

它的一般形式为：

> 类名::构造函数名([参数表]):[(成员初始化表)];

成员初始化表的形式为：成员名1(初始值1)，成员名2(初始值2)，成员名3(初始值3)。比如：

> Kid::Kid(int agev,char * namev,char * sexv):age(agev),name(namev),sex(sexv){};

含义同 age= agev。

2.4.2 析构函数

析构函数的作用和构造函数刚好相反，用于撤销对象，如释放分配给对象的内存空间。析构函数和构造函数名相同，但在其前面要加"~"符号，析构函数没有参数，也没有返回值，且不能重载，一个类中只有一个析构函数。

以下三种情况，当对象的生命周期结束时，析构函数会被自动调用。

(1)定义了全局对象，则在程序流程离开其作用域（如：main 函数结束或调用 Exit）时，调用该全局对象的析构函数；

(2)对象被定义在函数体中，则在这个函数执行完后，该对象释放，析构函数被自动调用；

(3)若一个对象是使用 new 运算符动态创建的，当使用 delete 运算符释放它时，会自动调用析构函数。

[例 2-4-1] 调用析构函数，完整程序见 prg2_4_1.cpp。

```
#include <iostream>
using namespace std;
#include <string.h>
class Kid
{
    private:
        int age;
        char * name;
        char * sex;
    public:
```

```cpp
        Kid(int age_v,char * name_v,char * sex_v);
        Kid(const Kid &kid);
        ~Kid();
        void showKid();
    };
    Kid::Kid(int age_v,char * name_v,char * sex_v)
    {
        age=age_v;
        name=new char[strlen(name_v)+1];
        strcpy(name,name_v);
        sex=new char[strlen(sex_v)+1];
        strcpy(sex,sex_v);
    }
    Kid::~Kid()
    {
        cout<<"dispose object kid"<<endl;
        delete []name;
        delete []sex;
    }
    void Kid::showKid()
    {
        cout<<"姓名:"<<name<<endl<<"年龄:"
            <<age<<endl<<"性别:"<<sex<<endl;
    }
    void main()
    {
        Kid kid(20,"张云飞","男");
        kid.showKid();
        Kid * ptr=new Kid(19,"安娜","女");
        ptr->showKid();
        delete ptr;
    }
```

运行结果：

```
姓名：张云飞
年龄：20
性别：男
姓名：安娜
年龄：19
性别：女
dispose object kid
dispose object kid
请按任意键继续. . .
```

如果没有给类定义构造函数,则编译系统将自动地生成一个默认的构造函数,比如,在 Kid 类中编译系统会为其产生一个 Kid::Kid(){};构造函数,这个默认的构造函数只能给对象开辟存储空间,不能给数据成员赋值,这时数据成员的初值就是随机数。对没有定义构造函数的类,其公有数据成员可以用初始化值表进行初始化,如:

```
class Kid
{
    public:
        int age;
        char * name;
        char * sex;
};
void main()
{
    Kid kid={20,"张云飞","男"};
    cout<<"姓名:"<<kid.name<<endl<<"年龄:"
        <<kid.age<<endl<<"性别:"<<kid.sex<<endl;
}
```

但只要一个类定义了构造函数,系统就不再给它提供默认构造函数。同样如果没有定义析构函数,系统会提供默认的析构函数(Kid::~Kid(){})。一般来说,默认的析构函数就能满足要求,但对一些需要做内部处理的对象,则应该显式定义析构函数。带默认参数的构造函数和带参数的成员函数是一样的。如果是无参的构造函数创建对象,应该使用的形式是:

  类名 对象名;

而不是:

  类名 对象名();

对象的赋值其实和变量的赋值差不多,也是用赋值运算符"="进行的,只不过进行赋值的两个对象的类型必须相同,对象之间的赋值只是数据成员的赋值,而不对成员函数赋值。

2.4.3 拷贝构造函数

拷贝构造函数是一种特殊的构造函数,其形参是类对象的引用。它主要用于在建立一个新的对象时,使用已经存在的对象去初始化这个新对象。拷贝构造函数也是构造函数,因此函数名必须与类名相同,参数只有一个,就是同类对象的引用,每个类必须要有一个拷贝构造函数。如果程序员自己不定义拷贝构造函数,系统则会自动产生一个默认拷贝构造函数。

调用拷贝构造函数的形式有代入法:

  类名 对象2(对象1);

也有赋值法:

  类名 对象2=对象1;

[例 2-4-2] 拷贝构造函数的应用(1),完整程序见 prg2_4_2.cpp。

```
#include <iostream>
```

```cpp
using namespace std;
#include <string.h>
class Kid
{
    private:
        int age;
        char * name;
        char * sex;
    public:
        Kid(int age_v,char * name_v,char * sex_v);
        Kid(const Kid &kid);
        ~Kid();
        void showKid();
};
Kid::Kid(int age_v,char * name_v,char * sex_v)
{
    age=age_v;
    name=new char[strlen(name_v)+1];
    strcpy(name,name_v);
    sex=new char[strlen(sex_v)+1];
    strcpy(sex,sex_v);
}
Kid::Kid(const Kid &kid)
{
    age=kid.age*2;
    name=new char[strlen(kid.name)+1];
    strcpy(name,kid.name);
    sex=new char[strlen(kid.sex)+1];
    strcpy(sex,kid.sex);
}
Kid::~Kid()
{
    cout<<"dispose object kid"<<endl;
    delete []name;
    delete []sex;
}
void Kid::showKid()
{
    cout<<"姓名:"<<name<<endl<<"年龄:"
        <<age<<endl<<"性别:"<<sex<<endl;
}
```

```
    void main()
    {
        Kid kid(10,"张云飞","男");
        kid.showKid();
        Kid kid2(kid);
        kid2.showKid();
        Kid kid3=kid2;
        kid3.showKid();
    }
```

运行结果：

语句 Kid kid3=kid2;是以赋值的形式调用拷贝构造函数的。它必须出现在定义语句中，表示复制一个与 kid2 一样的新对象 kid3。

调用拷贝构造函数的三种情况：

(1)Kid kid2(kid1);或 Kid kid2=kid1。

(2)函数的形参是类的对象：

```
    voidfun(Kid kid)
    {
        kid.showKid();
    };
    void main()
    {
        Kid kid(20,"张云飞","男");
        fun(kid);
    }
```

(3)函数返回值为类的对象：

```
    Kid fun()
    {
        Kid kid(20,"张云飞","男");
        return kid;
    }
    void main()
```

```
    {
        Kid kid;
        kid=fun();
        kid.showKid();
    }
```

[例 2-4-3] 拷贝构造函数的应用(2),完整程序见 prg2_4_3.cpp。

```
#include <iostream>
using namespace std;
#include <string.h>
class Kid
{
    private:
        int age;
        char * name;
        char * sex;
    public:
        Kid(int age,char * name,char * sex);
        Kid(const Kid &kid);    //自定义拷贝函数
        ~Kid();
        void showKid();
};
Kid::Kid(int age_v,char * name_v,char * sex_v)
{
    age=age_v;
    name=new char[strlen(name_v)+1];
    strcpy(name,name_v);
    sex=new char[strlen(sex_v)+1];
    strcpy(sex,sex_v);
}
Kid::Kid(const Kid &kid)
{
    age=kid.age*2;
    name=new char[strlen(kid.name)+1];
    strcpy(name,kid.name);
    sex=new char[strlen(kid.sex)+1];
    strcpy(sex,kid.sex);
}
Kid::~Kid()
{
    cout<<"dispose object kid"<<endl;
    delete []name;
```

```cpp
    delete []sex;
}
void Kid::showKid()
{
   cout<<"孩子:"<<endl<<"姓名:"<<name<<endl;
cout<<"年龄:"<<age<<endl<<"性别:"<<sex<<endl;
}
class Car
{
   public:
     char * no;
     char * brand;
     int speed;
     void showCar();
     ~Car(){};//仿默认析构
};
void Car::showCar()
{
   cout<<"汽车:"<<endl<<"号码:"<<no<<endl;
   cout<<"品牌:"<<brand<<endl<<"速度:"<<speed<<"km/h"<<endl;
}
void main()
{
   Kid kid(20,"张云飞","男");
   kid.showKid();
   cout<<"--------"<<endl;
   Kid kid2(kid);//代入法调用拷贝构造函数
   kid2.showKid();
   cout<<"--------"<<endl;
   Kid kid3=kid2;//赋值法调用拷贝构造函数
   kid3.showKid();
   cout<<"--------"<<endl;
   Kid * ptr=new Kid(19,"安娜","女");//使用new运算符动态创建对象
   ptr->showKid();
   cout<<"--------"<<endl;
   delete ptr;//释放对象所占的存储空间
   //只有未定义构造函数的类才能用初值表初始化公有数据成员,默认构造
   Car car={"8888888","Benz",200},car2;
   car.showCar();
   cout<<"--------"<<endl;
   car2=car;//默认拷贝构造函数或car2(car)
```

```
            car2.showCar();
            cout<<"--------"<<endl;
    }
```

运行结果：

2.4.4 C++/C 程序结构

C++/C 程序通常分为两个文件，一个文件用于保存程序的声明(declaration)，称为头文件，另一个文件用于保存程序的实现(implementation)，称为定义(definition)文件。

在 C++中，每个程序必须包含一个被称作 main()的函数，它是由程序员提供的，并且只有这样的程序才能运行。

每个程序基本上由3个部分组成：类的声明部分、类的实现部分和类的使用部分。针对这3个部分，C++中对应分为3个文件：类的声明文件(*.h文件)、类的实现文件(*.cpp)和类的使用文件(*.cpp,包含主函数 main 的文件)。那么为什么 C++中要使用多文件，一个 *.cpp 类的使用文件就可解决的问题，为何那么麻烦，要分三步走呢？主要原因如下。

(1)类的实现文件通常会比较大，将类的声明和实现放在一起，不利于程序的阅读、管理和维护。通常程序接口部分应该和程序实现部分分离，这样更易于修改程序。

(2)把类成员函数的实现放在声明文件中和单独放实现文件里，在编译时是不一样的，前者是作为类的内联函数来处理的。

(3)对于软件的厂商来说，它只需向用户提供程序公开的接口，而不用公开程序源代码。

[例 2-4-4] 该程序示例按照 C++多文件的原则分成3类文件来实现。完整程序见

prg2_4_4.cpp。

类声明文件 1：employee.h（雇员类的声明文件）

```cpp
#include<string>
#include<iostream>
class Employee
{
    private:
        const std::string id;//常数据成员
        const std::string name;//常数据成员
    public:
        Employee(std::string id,std::string name);
        ~Employee();
        void showEmployee();//普通成员函数
        void showEmployee() const;//常成员函数
};
```

类声明文件 2：salary.h（薪水类的声明文件）

```cpp
class Salary
{
    private:
        const Employee employee;//雇员
        const double wage;//工资(常数据成员)
        double bonus;//奖金
        double commission;//提成
        double allowance;//津贴
        double subsidy;//补贴
    public:
        Salary(double wage, double bonus, double commission, double allowance, double subsidy, std::string id, std::string name);
        ~Salary();
        void showSalary();
};
```

类的实现文件 1：employee.cpp（雇员类的实现文件）

```cpp
Employee::Employee(std::string id,std::string name):id(id),name(name)
{
    std::cout<<"构造对象 employee"<<std::endl;
}
Employee::~Employee()
{
    std::cout<<"释放对象 employee 内存空间"<<std::endl;
}
void Employee::showEmployee()
{
    std::cout<<"普通成员函数："<<std::endl;
```

```cpp
    std::cout<<"编号:"<<id<<std::endl;
    std::cout<<"姓名:"<<name<<std::endl;
}
void Employee::showEmployee() const
{
    std::cout<<"常成员函数:"<<std::endl;
    std::cout<<"编号:"<<id<<std::endl;
    std::cout<<"姓名:"<<name<<std::endl;
}
```

类的实现文件2:salary.cpp(薪水类的实现文件)

```cpp
Salary::Salary(double wage, double bonus, double commission, double allowance, double subsidy,
std::string id, std::string name):wage(wage),bonus(bonus),commission(commi-ssion),allowance(allowance),subsidy(subsidy),employee(id,name)
{
    std::cout<<"构造对象 salary"<<std::endl;
}
Salary::~Salary()
{
    std::cout<<"释放对象 salary 内存空间"<<std::endl;
}
void Salary::showSalary()
{
    employee.showEmployee();//显示雇员信息
    std::cout<<"薪水:"<<std::endl;
    std::cout<<"工资:"<<wage<<std::endl;
    std::cout<<"奖金:"<<bonus<<std::endl;
    std::cout<<"提成:"<<commission<<std::endl;
    std::cout<<"补贴:"<<subsidy<<std::endl;
    std::cout<<"津贴:"<<allowance<<std::endl;
}
```

类的使用文件:使用文件*.cpp(带main()函数的文件)。

```cpp
#include<iostream>
using namespace std;
#include "employee.h"
#include "salary.h"
#include "employee.cpp"
#include "salary.cpp"
void main()
{
    Salary salary(3000,3000,0,200,100,"001","aaa");
    salary.showSalary();
}
```

运行结果:

规则1:为了防止头文件被重复引用,应当用ifndef/define/endif结构产生预处理块。例如:

　　♯ifndef SEQLIST_CLASS
　　♯define SEQLIST_CLASS
　　…
　　♯endif

作用是避免类被多次定义。可以解释为:如果SEQLIST_CLASS没有被定义,那么编译器将所有直至下一个♯endif出现的代码进行处理。♯ifndef命令中的n表示否定的意思,即没有定义,如果SEQLIST_CLASS已经定义,则所有的代码都将被忽略,直到遇到♯endif,因此SEQLIST_CLASS就不会被再次定义了。

规则2:用♯include<filename.h>格式来引用标准库的头文件(编译器将从标准库目录开始搜索)。

规则3:用♯include "filename.h"格式来引用非标准库的头文件(编译器将从用户的工作目录开始搜索)。

建议1:不提倡使用全局变量,尽量不要在头文件中出现extern int value这类声明。

建议2:需要对外公开的常量放在头文件中,不需要对外公开的常量放在定义文件的头部。为便于管理,可以把不同模块的常量集中存放在一个公共的头文件中。

2.4.5　用另一个类的对象作为它的数据成员

经常会看到一个类中可能会出现另一个类的对象作为它的数据成员,既然是对象,那么就会涉及这个对象成员初始化的问题。而程序中各种数据的共享,在一定程度上破坏了数据的安全性。C++中有什么方法可以保证数据共享的同时防止数据被改动?接下来将讨论这个问题。

在创建类的对象时,如果这个类具有内嵌的对象,那么该对象成员也将被自动创建。因此创建对象时既要对本类的基本数据成员初始化,又要对内嵌的对象初始化。

[例2-4-5]　本例用到Employee(雇员)和Salary(薪水)两个类,完整程序见prg2_4_5.cpp。

　　♯include<string>
　　♯include<iostream>
　　using namespace std;
　　class Employee

```cpp
{
    private:
        std::string id;
        std::string name;
    public:
        Employee(std::string id,std::string name);
        ~Employee();
        void showEmployee();
};
Employee::Employee(std::string id,std::string name):id(id),name(name)
{
    std::cout<<"构造对象 employee"<<std::endl;
}
Employee::~Employee()
{
    std::cout<<"释放对象 employee 内存空间"<<std::endl;
}
void Employee::showEmployee()
{
    std::cout<<"编号:"<<id<<std::endl;
    std::cout<<"姓名:"<<name<<std::endl;
}
class Salary
{
    private:
        Employee employee;//雇员
        double wage;//工资
        double bonus;//奖金
        double commission;//提成
        double allowance;//津贴
        double subsidy;//补贴
    public:
        Salary(double wage, double bonus, double commission, double allowance, double subsidy, std::string id, std::string name);
        ~Salary();
        void showSalary();
};
//初始化对象成员 employee
Salary::Salary(double wage, double bonus, double commission, double allowance, double subsidy, std::string id, std::string name):wage(wage),bonus(bonus),commission(commis-sion),allowance(allowance),subsidy(subsidy),employee(id,name)
{
    std::cout<<"构造对象 salary"<<std::endl;
```

第2章 类与对象

```cpp
}
Salary::~Salary()
{
    std::cout<<"释放对象salary内存空间"<<std::endl;
}
void Salary::showSalary()
{
    employee.showEmployee();//显示雇员信息
    std::cout<<"薪水:"<<std::endl;
    std::cout<<"工资:"<<wage<<std::endl;
    std::cout<<"奖金:"<<bonus<<std::endl;
    std::cout<<"提成:"<<commission<<std::endl;
    std::cout<<"补贴:"<<subsidy<<std::endl;
    std::cout<<"津贴:"<<allowance<<std::endl;
}
void main()
{
    Salary salary(3000,3000,0,200,100,"001","aaa");
    salary.showSalary();
}
```

运行结果：

从初始化成员对象的代码中可以看到，创建类的对象时与成员初始化表对数据成员初始化的形式是一样的。再看 main 函数体里的实现部分，从显示的结果来看，是先调用了 Employee()的构造函数，再调用自己(Salary())的构造函数，而在调用各自的析构函数时则刚好相反。如果 Salary 里的对象成员不止一个，那么这些对象成员的构造函数调用的顺序是怎么样的？其实系统编译运行时对对象成员的构造函数调用的顺序，是根据其在类声明中的顺序来依次调用的，而释放对象空间(析构函数)的过程则正好相反。

2.4.6 C++常类型的引入

C++常类型的引入，是为了既保证数据共享又防止数据被改动。在面向对象中常类型主要包括常对象、常数据成员以及常成员函数。

(1)常对象的形式有类名 const 对象名[参数表]或 const 类名 对象名[参数表]，常对象中的数据成员值在对象的整个生存期内不能被改变，而且常对象不能调用普通成员函数，只能调用常成员函数。

（2）常数据成员的形式其实和 1.1 节所讲到的常量是一样的，但要注意的是，类里的常数据成员只能通过初始化列表对其进行初始化，其他函数都不能对其赋值。

（3）常成员函数的形式：类型 函数名（参数表）const，const 是函数类型的组成部分，因此在声明函数和定义函数时都要加关键字 const。

[例 2-4-6] 以 Employee(雇员)类为例，完整程序见 prg2_4_6.cpp。

```cpp
#include<string>
#include<iostream>
using namespace std;
class Employee
{
    private:
        const std::string id;//常数据成员
        const std::string name;//常数据成员
    public:
        Employee(std::string id,std::string name);
        ~Employee();
        void showEmployee();//普通成员函数
        void showEmployee() const;//常成员函数
};
Employee::Employee(std::string id,std::string name):id(id),name(name)
{ }
Employee::~Employee()
{ }
void Employee::showEmployee()
{
    std::cout<<"普通成员函数："<<std::endl;
    std::cout<<"编号："<<id<<std::endl;
    std::cout<<"姓名："<<name<<std::endl;
}
void Employee::showEmployee() const
{
    std::cout<<"常成员函数："<<std::endl;
    std::cout<<"编号："<<id<<std::endl;
    std::cout<<"姓名："<<name<<std::endl;
}
void main()
{
    Employee employee("001","aa");
    employee.showEmployee();
    std::cout<<"* * * * * * * * * * * * * * * * * * * * * * * * * * * * *"<<std::endl;
```

```
        Employee const const_employee("002","bb");//常对象
        const_employee.showEmployee();
    }
```

运行结果：

从例 2-4-6 代码中，可以看到两个同名函数 void showEmployee()，一个是普通成员函数，一个是常成员函数，它们是重载的，由此说明 const 可以被用于对重载函数的区分。

2.4.7 文件输入和输出

文件指存放在外部介质上的数据的集合。操作系统是以文件为单位来对数据进行管理的。因此如果要查找外部介质的数据，则先要按文件名找到指定文件，然后再从文件中读取数据。要把数据存入外部介质中，如果没有该文件，则先要建立文件，再向它输入数据。由于文件的内容千变万化，大小各不相同，为了统一，在 C++ 中用文件流的形式进行处理。文件流是以外存文件为输入/输出对象的数据流。输出文件流表示从内存流向外存文件的数据，输入文件流则相反。根据文件中数据的组织形式，文件可分为两类：文本文件和二进制文件。文本文件又称为 ASCII 文件，它的每个字节存放一个 ASCII 码，代表一个字符。二进制文件则是把内存中的数据，按照其在内存中占存储形式原样写在磁盘上存放。比如一个整数 20 000，在内存中占 2 个字节，而按文本形式输出则占 5 个字节。优点是在以文本形式输出时，一个字节对应一个字符，因而便于字符的输出，缺点则是占用存储空间较多。用二进制形式输出数据，节省了转化时间和存储空间，但不能直接以字符的形式输出。

在 C++ 中对文件进行操作，包括以下几个步骤。

(1) 建立文件流对象；
(2) 打开或建立文件；
(3) 进行读写操作；
(4) 关闭文件。

用于文件 IO 操作的流类主要有 3 个，分别是 fstream（输入/输出文件流）、ifstream（输入文件流）和 ofstream（输出文件流），而这 3 个类都包含在头文件 fstream 中，因此在程序中对文件进行操作时，必须首先包含该头文件。

首先建立流对象，然后使用文件流类的成员函数 open 打开文件，即把文件流对象和指定的磁盘文件建立关联。成员函数 open 的一般形式为：

文件流对象.open(文件名,使用方式);

其中文件名可以包括路径（如 e:\c++\file.txt），如果缺少路径，则默认为当前目录。使用方式则是指文件将如何被打开。表 2-1 是文件的部分使用方式，都是 ios 基类中的枚举类型的值。

表 2-1 文件的部分使用方式

方式	功能
in	以输入方式打开文件
out	以输出方式打开文件，如果已有此名字的文件，则将其原有的内容全部清除
app	以输入方式打开文件，写入的数据添加到文件尾部
ate	打开一个已有的文件，把文件指针移到文件末尾
binary	以二进制方式打开一个文件，默认为文本文件

打开方式有以下几个注意点：

(1)因为 nocreate 和 noreplace 与系统平台密切相关，所以在 C++ 标准中去掉了对它的支持。

(2)每一个打开的文件都对应一个文件指针，指针的开始位置由打开方式指定，每次读写都从文件指针的当前位置开始。每读一个字节，指针就后移一个字节。当文件指针移到最后时，会遇到文件结束符 EOF，此时流对象的成员函数 eof 的值为非 0 值，表示文件结束。

(3)用 in 方式打开文件只能用于输入数据，而且该文件必须已经存在。

(4)用 app 方式打开文件，此时文件必须存在，打开时文件指针处于末尾，且该方式只能用于输出。

(5)用 ate 方式打开一个已存在的文件，文件指针自动移到文件末尾，数据可以写入其中。

如果文件需要用两种或多种方式打开，则用"｜"来分隔组合在一起。除了用 open 成员函数打开文件，还可以用文件流类的构造函数打开文件，其参数和默认值与 open 函数完全相同。比如：文件流类 stream(文件名，使用方法)；如果文件打开操作失败，则 open 函数的返回值为 0，用构造函数打开的话，流对象的值为 0。因此无论用哪一种方式打开文件，都需要在程序中测试文件是否成功打开。

每次对文件 IO 操作结束后，都需要关闭文件，用到文件流类的成员函数 close，一般调用形式为：

流对象.close()；

关闭实际上就是使文件流对象和磁盘文件失去关联。

文件打开之后，就可以进行读写了。

流类库中的 IO 操作<<、>>、put、get、getline、read 和 write 都可以用于文件的输入/输出。

为了打开一个文件供输入或输出，除了 iostream 头文件外，还必须包含头文件：

#include <fstream>

为了打开一个输出文件，必须声明一个 ofstream 类型的对象：

ofstream outfile("name-of-file")；

为了测试是否已经成功地打开了一个文件，可以编写以下代码：

if (! outfile)

  cerr << "Sorry! We were unable to open the file! \n";

类似地,为了打开一个文件供输入,必须声明一个 ifstream 类型的对象:
  ifstream infile("name of file");
 if(! infile)
  cerr << "Sorry! We were unable to open the file! \n";

[例 2 - 4 - 7] 从一个名为 names.dat 的文本文件中读取内容,然后把内容输出并写入一个名为 out.dat 的输出文件中,并且每个词之间用空格分开,完整程序见 prg2_4_7.cpp。

```
#include <iostream>
using namespace std;
#include <fstream>
#include <stdlib.h>
#include <string.h>
void main(void)
{
    //包含有名字及值的文本文件
    ifstream fin;
    ofstream fout;
    //标识符存放于 name 中并输出结果
    char name[30];
    double value;
    //打开 'names.dat' 用作输入,并确保其存在
    fin.open("names.dat", ios::in );
    if (! fin)
    {
        cerr << "Could not open 'names.dat" << endl;
        exit(1);
    }
    //读入名字及对应值,用 cout 写出 'name = value'
    fout.open("out.dat");
    while(1)
    {
        fin>>name;
        if (fin==NULL)
            break;
        fin>> value;
        cout << name << " = " << value << endl;
        fout<< name << " = " << value << endl;
    }
}
```

文件 "names.dat" 内容:
  start 55
  breakloop 225.39
  stop 23

运行结果:

文件"out.dat"内容：

  start = 55

  breakloop = 225.39

  stop = 23

2.4.8 C++的格式化控制

在 C 语言中,可以通过函数 printf 和 scanf 来进行格式化控制。在 C++中仍然包含此输入/输出函数,并且还提供了自己的格式控制方法,可以使用流成员函数进行格式控制。流成员函数主要是指 ios 类(流基类)中的,包括如下几种。

(1)设置状态标志流成员函数 setf,如表 2-2 所示。

一般格式:long ios::setf(long flags),调用格式:流对象.setf(ios::状态标志)。

表 2-2 ios 类的状态标志

状态标志	功能	输入/输出
skipws	跳过输入中的空白符	输入
left	输出数据在本域宽范围内左对齐	输出
right	输出数据在本域宽范围内右对齐	输出
internal	数据的符号位左对齐,数据本身右对齐,符号和数据之间为填充符	输出
dec	设置整数的基数为 10	输入/输出
oct	设置整数的基数为 8	输入/输出
hex	设置整数的基数为 16	输入/输出
showbase	输出整数时显示基数符号(八进制以 0 开头,十六进制以 0x 开头)	输出
showpoint	浮点数输出时带有小数点	输出
uppercase	在以科学表示法格式 E 和十六进制输出字母时用大写表示	输出
showpos	正整数前显示"+"号	输出
scientific	用科学表示法格式显示浮点数	输出
fixed	用定点格式显示浮点数	输出
unitbuf	完成输出操作后刷新所有的流	输出
stdio	完成输出操作后刷新 stdout 和 stderr	输出

因为状态标志在 ios 类中被定义为枚举值,所以在引用这些值前要加上 ios::,如果有多

项标志,中间则用"|"分隔。

(2)清除状态标志流成员函数 unsetf。

一般格式:long ios∷unsetf(long flags),调用格式:流对象.unsetf(ios∷状态标志)。

(3)设置域宽流成员函数 width。

一般格式:int ios∷width(int n),调用格式:流对象.width(n)。

注:它只对下一个流输出有效,输出完成后,恢复默认值 0。

(4)设置实数的精度流成员函数 precision。

一般格式:int ios∷precision(int n),调用格式:流对象.precision(n)。

注:参数 n 在十进制小数形式输出时代表有效数字。在以 fixed 形式和 scientific 形式输出时代表小数位数。

(5)填充字符流成员函数 fill。

一般格式:char ios∷fill(char ch),调用格式:流对象.fill(ch)。

注:当输出值不满域宽时用填充符来填充,默认填充符为空格,它与 width 函数搭配。

[例 2-4-8] 以 ios 类成员函数来进行 IO 格式控制,完整程序见 prg2_4_8.cpp。

```
#include <iostream>
using namespace std;
#include <string>
void main()
{
    std::cout.setf(std::ios::left|std::ios::showpoint|std::ios::unitbuf);
    std::cout.precision(6);
    std::cout<<123.45678;
    std::cout.width(50);
    std::cout.fill('—');
    std::cout.unsetf(std::ios::left);//清除状态左对齐
    std::cout.setf(std::ios::right);
    std::cout<<"十进制小数输出,有效数字为 6 位"<<std::endl;
    std::cout.setf(std::ios::left|std::ios::fixed);
    std::cout.precision(6);
    std::cout<<123.45678;
    std::cout.width(50);
    std::cout.fill('—');
    std::cout.unsetf(std::ios::left|std::ios::fixed);//清除状态左对齐和定点格式
    std::cout.setf(std::ios::right);
    std::cout<<"固定小数位 fixed,小数位为 6 位"<<std::endl;
    std::cout.setf(std::ios::left|std::ios::scientific);
    std::cout.precision(6);
    std::cout<<123.45678;
    std::cout.width(50);
    std::cout.fill('—');
    //清除状态左对齐和科学计数法格式
    std::cout.unsetf(std::ios::left|std::ios::scientific);
```

```
        std::cout.setf(std::ios::right);
        std::cout<<"科学计数法表示,小数位为6位"<<std::endl;
        std::cout.fill(' ');//设置填充符为空格
        std::cout.unsetf(std::ios::right);//清除状态靠右对齐
        std::cout.setf(std::ios::dec|std::ios::showpos|std::ios::internal);
        std::cout.width(6);
        std::cout<<128<<std::endl;
        std::cout.unsetf(std::ios::dec);//清除状态基数为10
        //在输出整数的八进制形式或十六进制形式之前
        //先要把默认的十进制形式的标志清除 std::cout.unsetf(std::ios::dec)
        std::cout.setf(std::ios::oct|std::ios::showbase);
        std::cout<<128<<std::endl;
        std::cout.unsetf(std::ios::oct);//清除状态基数为8
        std::cout.setf(std::ios::hex|std::ios::uppercase);
        std::cout<<255<<std::endl;
        std::cout.unsetf(std::ios::hex);//清除状态基数为16
    }
```

运行结果：

```
C:\WINDOWS\system32\cmd.exe
123.457------------------------十进制小数输出,有效数字为6位
123.456780----------------------固定小数位fixed,小数位为6位
1.234568e+002-------------------科学计数法表示,小数位为6位
+  128
0200
0XFF
请按任意键继续. . .
```

用 ios 类中的成员函数来进行 IO 格式的控制需要写一条单独的语句,而不能直接嵌入 IO 语句中,显得很不方便。因此 C++又提供了一种用操作符来控制 IO 的格式。操作符分为带参和不带参两种,带参的定义在头文件 iomanip 中,不带参的定义在 iostream 中。下面分别是 C++中的预定义操作符。

(1)dec:设置整数基数为 10,用于输出和输入;

(2)hex:设置整数基数为 16,用于输出和输入;

(3)oct:设置整数基数为 8,用于输出和输入;

(4)ws:跳过输入的空格符,用于输入;

(5)endl:输出一个换行符并刷新输出流,用于输出;

(6)ends:插入一个空字符 null,通常用来结束一个字符串,用于输出;

(7)flush:刷新一个输出流,用于输出;

(8)setbase(n):设置整数的基数为 n(可取 0 或 10 代表十进制,8 代表八进制,16 代表十六进制,默认为 0),用于输入和输出;

(9)setfill(c):设置填充符(默认为空格),用于输出;

(10)setprecision(n):设置实数精度 n,原理和成员函数 precision 一样,用于输出;

(11)setw(n):设置域宽 n,用于输出;

(12)setiosflags(flags):设置指定状态标志,多个用"|"分隔,用于输出和输入;

(13) resetiosflags(flags):清除指定状态标志,多个用"|"分隔,用于输出和输入,如表 2-3 所示。

表 2-3 操作符 setiosflags(flags)和 resetiosflags(flags)的部分状态标志

状态标志	功能
left	按域宽左对齐输出
right	按域宽右对齐输出
uppercase	在以科学表示法格式 E 和十六进制输出字母时用大写表示
showpos	正数前显示"＋"号
scientific	科学表示法格式小数输出
fixed	定点格式小数输出

[例 2-4-9] 以操作符来进行 IO 格式控制,完整程序见 prg2_4_9.cpp。

```cpp
#include <iostream>
using namespace std;
#include <iomanip>//带形参的操作符必须含有该头文件
#include <string>
void main()
{
    std::string str="abcdefg";
    std::cout<<str<<std::ends<<std::endl;
    std::cout<<std::setiosflags(std::ios::left|std::ios::showpoint|std::ios::unitbuf);
    std::cout<<std::setprecision(6);
    std::cout<<123.45678<<std::setw(50)<<std::setfill('一')
        <<std::resetiosflags(std::ios::left);
    std::cout<<std::setiosflags(std::ios::right)
        <<"科学计数法表示,小数位为 6 位"<<std::endl;
    std::cout<<std::setiosflags(std::ios::left|std::ios::fixed)
        <<std::setprecision(6)<<123.45678;
    std::cout<<std::setw(50)<<std::setfill('一')
        <<std::resetiosflags(std::ios::left|std::ios:: fixed);
    std::cout<<std::setiosflags(std::ios::right)
        <<"固定小数位 fixed,小数位为 6 位"<<std::endl;
    std::cout<<std::setiosflags(std::ios::left|std::ios::scientific)
        <<std::setprecision(6);
    std::cout<<123.45678<<std::setw(50)<<std::setfill('一');
    std::cout<<std::resetiosflags(std::ios::left|std::ios:: scientific);
    std::cout<<std::setiosflags(std::ios::right)
        <<"科学计数法表示,小数位为 6 位"<<std::endl;
    std::cout<<std::setfill(' ')<<std::resetiosflags(std::ios::right)<<std::flush;
```

```
    std::cout<<std::dec<<std::setiosflags(std::ios::showpos|std::ios::internal)
        <<std::setw(6);
    std::cout<<128<<std::endl;
    std::cout<<std::setbase(8)<<std::setiosflags(std::ios::showbase)
        <<128<<std::endl;
    std::cout<<std::setbase(16)
        <<std::setiosflags(std::ios::showbase|std::ios::uppercase);
    std::cout<<255<<std::endl;
}
```

运行结果：

```
C:\WINDOWS\system32\cmd.exe
abcdefg
123.457------------------科学计数法表示，小数位为6位
123.456780----------------固定小数位fixed，小数位为6位
1.234568e+002-------------科学计数法表示，小数位为6位
+  128
0200
0XFF
请按任意键继续. . .
```

2.5 类与对象应用实例

2.5.1 圆类及应用

类构成了实现C++面向对象程序设计的基础，在C++面向对象程序设计中占据着核心地位。它把数据和作用在这些数据上的操作组合在一起，构成封装的基本单元。对象是类的实例，类定义了属于该类的所有对象的共同特性。

[例2-5-1] 一圆形游泳池如图2-2所示。现需在其周围建一圆形过道，并在其四周围上栅栏。栅栏价格为每米70元，过道价格为每平方米35元。过道宽度为1m，游泳池半径由键盘输入。要求编程计算并输出过道和栅栏的造价。

用类Circle来描述一个圆形游泳池及其边上的过道。通过计算周长和面积，可以求出过道及栅栏的造价。完整程序见prg2_5_1.cpp。

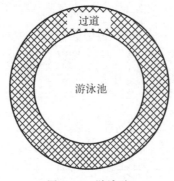

图2-2 游泳池

```cpp
#include <iostream>
using namespace std;
const float PI = 3.14159;
const float FencePrice = 70.0;
const float ConcretePrice = 35.0;
//声明类 Circle 及其数据和方法
class Circle
{
    private:
        float    radius;              //数据成员 radius 为浮点数
    public:
        Circle(float r);              //构造函数
        float Circumference() const;  //计算圆的周长的函数
        float Area() const;           //计算圆的面积的函数
};
Circle::Circle(float r): radius(r)    //在构造函数中给数据成员 radius 赋初值
{ }
float Circle::Circumference() const
{
    return 2 * PI * radius;
}
float Circle::Area() const
{
    return PI * radius * radius;
}
void main()
{
    float radius;
    float FenceCost, ConcreteCost;
    //设定浮点数输出格式,只显示小数点后两位
    cout.setf(ios::fixed);
    cout.setf(ios::showpoint);
    cout.precision(2);
    cout << "Enter the radius of the pool: ";//提示用户输入半径
    cin >> radius;
    //声明 Circle 对象 Pool 和 PoolRim
    Circle Pool(radius);
    Circle PoolRim(radius + 1);
    //计算栅栏造价并输出
    FenceCost = PoolRim.Circumference() * FencePrice;
    cout << "Fencing Cost is ￥" << FenceCost << endl;
    //计算过道造价并输出
    ConcreteCost = (PoolRim.Area() - Pool.Area()) * ConcretePrice;
```

```
        cout << "Concrete Cost is ￥" << ConcreteCost << endl;
    }
```

运行结果：

```
Enter the radius of the pool: 40
Fencing Cost is ￥18032.73
Concrete Cost is ￥8906.42
请按任意键继续. . .
```

主程序要求用户输入游泳池的半径，并赋值给对象 Pool，对象 PoolRim 的半径为该值加 1 m。最后，程序输出栅栏和过道的造价。

类 Circle 在主程序外部定义。限定词 const 限定的函数成员不改变数据成员的值，而且在函数的声明和定义中都要用到。建筑材料的价格由常量给出。

2.5.2 矩形类及应用

［例2-5-2］ 计算建造车库大门的相对费用，如图2-3所示。用户提供车库正面的尺寸，程序提供不同类型门的大小和费用。用户注意到若选择大一些的门，则建造墙围和墙壁的费用就少，这样，若木材价格固定，则建造大一些的门可能花费较少。

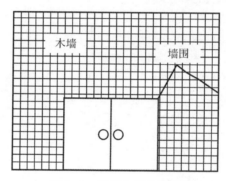

图2-3 车库大门示意图

假设墙围环绕车库正面四周和门的四周，程序首先提示用户输入车库正面大小，然后进入用户选择不同门大小的循环，循环在用户选择"Quit"时结束。对选择的每种门，程序计算建造车库正面的费用并输出。程序假设木墙的价格为每平方米140元，而墙围的价格为每米10元。

完整的程序见 prg2_5_2.cpp。

```
#include <iostream>
using namespace std;
class Rectangle
{
    private：
        float length,width;//矩形对象的长度和宽度
    public：
        Rectangle(float l = 0, float w = 0);//构造函数
        //读取和修改私有数据长度和宽度的方法
```

```cpp
    float GetLength(void) const;
    void   PutLength(float l);
    float GetWidth(void) const;
    void   PutWidth(float w);
    //计算矩形的面积和周长
    float Perimeter(void) const;
    float Area(void) const;
};
//构造函数,将 l 赋值给 length,w 赋值给 width
Rectangle::Rectangle (float l, float w): length(l), width(w)
{ }
float Rectangle::GetLength (void) const     //返回矩形的长度
{
    return length;
}
void Rectangle::PutLength (float l)         //改变矩形的长度值
{
    length = l;
}
float Rectangle::GetWidth (void) const      //读取矩形的宽度值
{
    return width;
}
void Rectangle::PutWidth (float w)          //改变矩形的宽度值
{
    width = w;
}
float Rectangle::Perimeter (void) const     //计算并返回矩形的周长
{
    return 2.0 * (length + width);
}
float Rectangle::Area (void) const          //计算并返回矩形的面积
{
    return length * width;
}
void main()
{
    //墙壁和墙围的造价是个常量
    const float sidingCost = 140.00, moldingCost = 10.00;
    int completedSelections = 0;     //进入循环的初始值设置
    char   doorOption;               //供用户选择的门类型
    float glength, gwidth, doorCost; //长、宽及门的造价
```

```cpp
    float totalCost;    //包括门、墙壁和墙围的总造价
    cout << "Enter the length and width of the garage: ";
    cin >> glength >> gwidth;
    Rectangle garage(glength,gwidth);
    Rectangle door;
    while (! completedSelections)
    {
       cout << "Enter 1-4 or 'q' to quit" << endl << endl;
       cout << "Door 1 (12 by 8; ￥2400)     "
            << "Door 2 (12 by 10; ￥2700)" << endl;
       cout << "Door 3 (16 by 8; ￥2800)     "
            << "Door 4 (16 by 10; ￥3000)" << endl;
       cout << endl;
       cin >> doorOption;
       if (doorOption == 'q')
          completedSelections = 1;//设置退出循环的标志
       else
       {
          switch (doorOption)
          {
             case '1': door.PutLength(12);//12x8（￥2400）
                       door.PutWidth(8);
                       doorCost = 2400;
                       break;
             case '2': door.PutLength(12);//12x10（￥2700）
                       door.PutWidth(10);
                       doorCost = 2700;
                       break;
             case '3': door.PutLength(16);//16x8（￥2800）
                       door.PutWidth(8);
                       doorCost = 2800;
                       break;
             case '4': door.PutLength(16);//16x10（￥3000）
                       door.PutWidth(10);
                       doorCost = 3000 ;
                       break;
          }
          totalCost = doorCost+
             moldingCost * (garage.Perimeter()+door.Perimeter()) +
             sidingCost * (garage.Area()-door.Area());
          cout << "Total cost of door, siding, and molding: ￥"
             << totalCost << endl << endl;
       }
```

                }
            }

运行结果：

```
C:\WINDOWS\system32\cmd.exe
Enter the length and width of the garage: 120 70
Enter 1-4 or 'q' to quit

Door 1 (12 by 8；￥2400)     Door 2 (12 by 10；￥2700)
Door 3 (16 by 8；￥2800)     Door 4 (16 by 10；￥3000)

1
Total cost of door, siding, and molding: ￥1.16916e+006

Enter 1-4 or 'q' to quit

Door 1 (12 by 8；￥2400)     Door 2 (12 by 10；￥2700)
Door 3 (16 by 8；￥2800)     Door 4 (16 by 10；￥3000)
```

数据成员 length、width 设为私有成员，通过类 Rectangle 的成员函数 PutLength()、PutWidth()来修改它的值，避免在某个地方存在着恶意代码可以随便修改私有数据成员等问题，使系统更安全。

墙围的长度是门的周长和车库正面周长之和，而木墙的费用应是其价格乘以车库正面面积和门的面积之差。

2.5.3 温度类

类 Temperature 维持高、低两个温度值，可用对象来记录水的最高温度(沸点)和最低温度(凝固点)。构造函数对两个浮点类型的私有数据成员 highTemp 赋初值。函数 UpdateTemp 带来新值并判断是否修改对象中的某个值，即如果该值是一个新的最低值，则修改 lowTemp。类似地，新的最高值将修改 highTemp。该类有两个访问数据的函数：GetHighTemp 返回高温值，而 GetLowTemp 返回低温值。

Constructor 必须给对象传递初始的高、低温值。这些值可被函数 UpdateTemp 修改。函数 GetLowTemp 是常量函数，因为它们并不改变类中的任何数据成员。类 Temperature 的说明在文件"temp.h"中。

类中的每个函数均用类范围符在类体之外实现。Constructor 将读入的初始高低温度传入并赋值给域 highTemp 和 lowTemp。这些值只可在有一新的高或低温度作为参数传入时，由函数 UpdateTemp 改变。数据访问函数 GetHighTemp 和 GetLowTemp 返回读入的高低温度。完整程序见 prg2_5_3.cpp：

```cpp
#include <iostream>
using namespace std;
#include "temp.h"    //头文件 temp.h 中包括了温度类的定义及实现
void main()
{
    //为 today 对象初始化最高温度及最低温度(high=70，low=50)
    Temperature today(70,50);
    float temp;
    cout << "Enter the noon temperature：";
    cin >> temp;
```

```
    //修改最高温度值
    today.UpdateTemp(temp);
    cout << "At noon: High " << today.GetHighTemp();
    cout << "  Low " << today.GetLowTemp() << endl;
    cout << "Enter the evening temperature: ";
    cin >> temp;
    //修改最低温度值
    today.UpdateTemp(temp);
    cout << "Today's High " << today.GetHighTemp();
    cout << "  Low " << today.GetLowTemp() << endl;
}
```

头文件 temp.h 需另外建立,其内容如下:

```
#ifndef TEMPERATURE_CLASS
#define TEMPERATURE_CLASS
class Temperature
{
    private:
        float highTemp, lowTemp;        //私有数据成员,代表最高值和最低值
    public:
        Temperature (float h, float l);  //构造函数定义,没有缺省值
        //读出温度及修改温度的函数
        void UpdateTemp (float temp);
        float GetHighTemp (void) const;
        float GetLowTemp (void) const;
};
//构造函数,将 h 赋值给 highTemp,l 赋值给 lowTemp
Temperature::Temperature(float h, float l) : highTemp(h), lowTemp(l)
{  }
//如果新读入的温度值比最高温度值高或低,则修改相应的值
void Temperature::UpdateTemp (float temp)
{
    if (temp > highTemp)
        highTemp = temp;
    else if (temp < lowTemp)
        lowTemp = temp;
}
float Temperature::GetHighTemp(void) const     //返回最高值
{
    return highTemp;
}
float Temperature::GetLowTemp(void) const      //返回最低值
{
    return lowTemp;
```

}
#endif//TEMPEATURE_CLASS

运行结果：

2.5.4 上三角矩阵的运算

二维数组，通常也叫矩阵，是数学上的一种重要的数据结构。本小节讨论行数和列数相等的方阵开发类 TriMat，它定义的是对角线以下的元素值全为 0 的上三角矩阵。

上三角矩阵的存储：标准的数组定义需要全部 n^2（n 为矩阵行数）个内存位置，但对上三角矩阵，可以算出对角线以下存储多少个零，为了节省这部分空间，将三角矩阵中对角线以上的各元素存储到一维数组 M 中，M 的大小为 $(n+1) \times n/2$，主对角线以下的各元素就可以不再存储，而通过另设一个一维数组 rowTable[n]，存储每一行第一个非 0 元素在数组 M 中的下标，通过逻辑映射关系找到。

一维数组 rowTable[n]具有如下规律。

    rowTable[0]=0；

    rowTable[1]=n；

    rowTable[2]=n+n−1；

    rowTable[3]=n+n−1+n−2；

    …

    rowTable[n−1]=n+n−1+n−2+…+2；

假设三角矩阵中的所有元素按行存储于数组 M 中，则存取任意元素 $A_{i,j}$ 的算法如下。

(1) 若 $j < i$，则 $A_{i,j}=0$，不存储该项。

(2) 若 $j \geqslant i$，则取 rowTable[i]的值，即数组 M 中存储的一直到第 i 行的所有元素项的个数；在第 i 行，前 i 行是零，不在 M 中存放，元素项 $A_{i,j}$ 的位置是 M[rowTable[i]+($j-i$)]。

类 TriMat 实现了多种三角矩阵的操作，由于只能使用静态数组的限制，类中限制行和列的长度都不超过 25，所以数组 M 中共有 325 个元素，有 $(25^2-25)/2=300$ 个 0 元素。

类的构造函数所需要的参数是矩阵的行和列的尺寸，函数 PutElement 和 GetElement 存储和检索上三角矩阵的元素。GetElement 对所有下三角元素均返回 0 值，AddMat 返回数值 A 和当前对象的和，它不改变当前矩阵的值，I/O 操作 ReadMat 和 WriteMat 要用到全部 $n \times n$ 个矩阵元素，对于 ReadMat，仅上三角元素被保存。

构造函数用参数 matsize 初始化数据成员 n，从而确定了矩阵的行和列的尺寸，用同样的函数可以初始化用于存取矩阵各元素项的 rowTable，如果 matsize 超出 ROWLIMIT，则产生出错消息，程序终止。

三角矩阵的关键问题是能否将非零元素高效地保存在线性数组中，为实现这种高效率并能使用通常的二维索引 i 和 j 来存取元素，需要函数 PutElement 和 GetElement 来存放和检索数组元素，使用函数 GetDimension 供客户程序访问矩阵的维数，这一数据可以用来保证存取函数所带的参数对应于有效的行和列。

函数 PutElement 检查下标 i 和 j,如果 $j \geqslant i$,使用三角矩阵的矩阵存取函数将数据值存放在 M 中。如果 i 或 j 不在 $0 \sim (n-1)$ 的范围内,程序终止。

若要检索一个数据项,函数 GetElement 检查下标 i 和 j,如果 i 或 j 不在 $0 \sim (n-1)$ 的范围内,则程序终止;如果 $j < i$,则该项在矩阵的值为 0 的下三角区内,这时,GetElement 返回未保存的值 0;当 $j \geqslant i$ 时,GetElement 就能从数组 M 中检索出该数据项。

按常规函数,在输入矩阵时,一次输入一行数据,行和列数据都要输入完整,对于 TriMat 对象,下三角区的值是 0,它们不保存在数组中。为了与通常的矩阵输入一致,用户仍然需要输入这些 0 值。

[例 2-5-4] 描述 TriMat 类的 I/O 操作以及矩阵的加法和求行列式值的操作。完整程序见 prg2_5_4.cpp。

```
#include <iostream>
using namespace std;
#include <iomanip>
#include "trimat.h"  //头文件 trimat.h 中包括矩阵类 TriMat class
void main()
{
    int  n;
    //输入矩阵行数
    cout << "What is the matrix size? ";
    cin >> n;
    //定义三个矩阵 A,B,C
    TriMat A(n), B(n), C(n);
    //输入矩阵 A,B 的值
    cout << "Enter a " << n << " x " << n
         << " triangular matrix" << endl;
    A.ReadMat();
    cout << endl;
    cout << "Enter a " << n << " x " << n
         << " triangular matrix" << endl;
    B.ReadMat();
    cout << endl;
    //计算结果并输出
    cout << "The sum  A + B" << endl;
    C = A.AddMat(B);
    C.WriteMat();
    cout << endl;
    cout << "The determinant of A+B is " << C.DetMat() << endl;
}
```

头文件 trimat.h 中的完整内容如下:

```
#ifndef TRIMAT_CLASS
#define TRIMAT_CLASS
```

```cpp
#include <iostream>
using namespace std;
#include <iomanip.h>
#include <stdlib.h>
//矩阵最大能存储325个元素、25行
const int ELEMENTLIMIT = 325;
const int ROWLIMIT = 25;
class TriMat
{
    private:
        int rowTable[ROWLIMIT];//存储在M中各行的首地址
        int n;//矩阵的行或列数
        double M[ELEMENTLIMIT];//只存储矩阵上三角
    public:
        //构造函数
        TriMat(int matsize);
        //矩阵元素的读和写
        void PutElement (double item, int i, int j);
        double GetElement(int i,int j) const;
        //算术运算
        TriMat AddMat(const TriMat& A) const;
        double DetMat(void) const;
        //输入所有元素、显示所有元素
        void ReadMat(void);
        void WriteMat(void) const;
        //得到矩阵的行数或列数
        int GetDimension(void) const;
};
//读入矩阵的大小,创建rowTable数组
TriMat::TriMat(int matsize)
{
    int storedElements = 0;//首行下标为0
    if (matsize > ROWLIMIT)
    {
        cerr << "The matrix cannot exceed size " << ROWLIMIT <<
                "x " << ROWLIMIT << endl;
        exit(1);
    }
    n = matsize;
    //建立rowTable
    for(int i = 0; i < n; i++)
    {
        rowTable[i] = storedElements;
```

```cpp
        storedElements += n - i;//下一行下标为上一行下标值+(n-i)
    }
}
//返回矩阵的行数或列数
int TriMat::GetDimension(void) const
{
    return n;
}
//将矩阵元素 item[i,j]写入数组 M 的相应位置中
void TriMat::PutElement(double item, int i, int j)
{
    //如果下标超出范围则中止程序
    if ((i < 0 || i >= n) || (j < 0 || j >= n))
    {
        cerr << "PutElement: index out of range 0 to "
            << (n-1) << endl;
        exit(1);
    }
    //忽略对角线以下的元素
    if (j >= i)
        M[rowTable[i] + j-i] = item;
}
//从 M 中读出矩阵元素[i,j]
double TriMat::GetElement(int i,int j) const
{
    //如果下标超出范围则中止程序
    if ((i < 0 || i >= n) || (j < 0 || j >= n))
    {
        cerr << "PutElement: index out of range 0 to "
            << (n-1) << endl;
        exit(1);
    }
    if (j >= i)
        //只有上三角元素有值
        return M[rowTable[i] + j-i];
    else
        //下三角元素为 0
        return 0;
}
//按行读入矩阵元素,用户必须输入所有 n×n 个元素
void TriMat::ReadMat(void)
{
    double item;
```

```cpp
   int i, j;
   for (i = 0; i < n; i++)//遍历行
      for (j = 0; j < n; j++)//对每行遍历列
      {
         cin >> item;//读入矩阵元素[i,j]
         PutElement(item,i,j);//存储该元素
      }
}
//逐行输出矩阵元素
void  TriMat::WriteMat(void) const
{
   int i,j;
   //定点输出浮点数，保留3位小数，不足补0
   cout.setf(ios::fixed);
   cout.precision(3);
   cout.setf(ios::showpoint);
   for (i = 0; i < n; i++)
   {
      for  (j = 0; j < n; j++)
         cout << setw(7) << GetElement(i,j);
      cout << endl;
   }
}
//返回 A 和当前对象之和，当前对象不变
TriMat TriMat::AddMat(const TriMat& A) const
{
   int i, j;
   double itemCurrent, itemA;
   TriMat B(A.n);//和存放于 B 中
   for (i = 0; i < n; i++)//逐行计算
   {
      for (j = i; j < n; j++)//忽略对角线之下的元素
      {
         itemCurrent = GetElement(i,j);
         itemA = A.GetElement(i,j);
         B.PutElement(itemCurrent + itemA, i, j);
      }
   }
   return B;
}
//返回当前对象的行列式的值
double TriMat::DetMat(void) const
{
```

```
        double val = 1.0;
        //返回对角元素的乘积
        for (int i = 0; i < n; i++)
            val *= GetElement(i,i);
        return val;
    }
    #endif//TRIMAT_CLASS
```

运行结果：

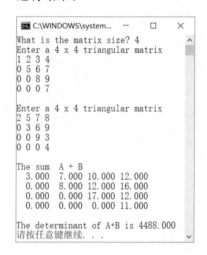

习　　题

1. 单项选择题。
(1)在 C++类的说明符中,被指定为私有的数据可以被以下(　)访问。
A. 程序中的任何函数　　　　　　B. 其他类的成员函数
C. 类中的成员函数　　　　　　　D. 派生类中的成员函数
(2)下列各类函数中,(　)不是类的成员函数。
A. 构造函数　　　B. 析构函数　　　C. 友元函数　　　D. 拷贝构造函数
(3)作用域运算符的功能是(　)。
A. 标识作用域的级别　　　　　　B. 指出作用域的范围
C. 给定作用域的大小　　　　　　D. 标识某个成员属于哪个类
(4)(　)是不可以作为该类的成员的。
A. 自身类对象的指针　　　　　　B. 自身类的对象
C. 自身类对象的引用　　　　　　D. 另一个类的对象
(5)执行下面的 C++程序后,a 的值是(　)。
```
    #include<iostream>
    #define SQR(x) x*x
    void main()
    {
```

```
        int a=10,k=2,m=1;
        a/=SQR(k+m);
        cout<<a;
    }
```

A. 10　　　　　　B. 2　　　　　　C. 9　　　　　　D. 0

(6)在C++中,对类sample的成员函数set()的定义( )是正确的。

```
    class  sample
    {
        private：
            int data；
        public：
            int set()；
    };
```

A. int set(){data=10;return data;}

B. int sample::set(){data=10;return data;}或

　　int sample::set(){sample::data=10;return data;}

C. int sample::set(){::data=10;return data;}

D. int set(){sample::data=10;return data;}

(7)读下面C++程序：

```
    #include <iostream>
    using namespace std；
    class vehicle
    {
        protected：
            int wheels；
        public：
            vehicle(int in_wheels=4){wheels=in_wheels;}
            int get_wheels(){ return wheels；}
    };
    void main()
    {
        vehicle unicyclel；
        vehicle unicycle2(3)；
        cout<<"The unickele1 has "<<unicyclel.get_wheels()<<" wheel.\n"；
        cout<<"The unickele2 has "<<unicycle2.get_wheels()<<" wheel.\n"；
    }
```

编译后输出结果为( )。

A. The unicycle1 has 0 wheel.　　　　B. The unicycle1 has 4 wheel.
　　The unicycle2 has 3 wheel.　　　　　　The unicycle2 has 4 wheel.

C. The unicycle1 has 4 wheel.　　　　D. The unicycle1 has 0 wheel.
　　The unicycle2 has 3 wheel.　　　　　　The unicycle2 has 4 wheel.

(8)在C++中,下面程序空白处正确的语句是( )。

```
class wheel
{
    int num;
public:
    wheel(int w){num=w;}
};
class car
{
    wheel carWheel;
public:
    _____//写出 car 的构造函数
}
```

A. void car(int n)::carWheel(n){ }

B. car(int n):carWheel(n){ }

C. void car(int n):: carWheel(n){ }

D. car(int n):: carWheel(n){ }

(9)读下面程序：

```
#include <iostream>
using namespace std;
class line
{
public:
    int color;
};
int startx;
class box
{
private:
    int upx,upy;
    int lowx,lowy;
public:
    int color;
    int same_color(line a,box b);
    void set_color(int c) { color = c; }
    void define_line(int x,int y) { startx = x; }
};
int _____ same_color(line a,box b)
{
    if(a.color==b.color)
        return 1;
    else
        return 0;
}
```

在空白处填入( ),该程序才能正常运行。

A. line::　　　　　B. box::　　　　　C. line ->　　　　　D. box ->

2. 类的设计。

(1)设计一个类来说明圆柱。数据包括圆柱的半径和高度;操作包括构造函数,求面积函数和体积函数。

(2)设计一个类来说明电视机。数据包括音量和频道;操作包括开关电视、调节音量和转换电视频道。

(3)设计一个类来说明球。数据包括球的半径和质量(单位:kg);操作包括返回球的半径和质量。

3. 定义箱子 Box 的类,包括初始化、返回各边长度以及计算面积和体积的操作。

(1)编写类 Box,实现上述类。

(2)箱子的围长(girth)是指由两条边所形成的矩形的周长,一个箱子有 3 种可能的围长值。邮寄长度取决于围长加上第三条边的长度,如果一个包裹的任一邮寄长度小于 100,则准予邮寄,编写一段代码决定对象 B 是否可以邮寄。

4. 找出以下类声明中的所有句法错误。

```
class X
{
    private　int t;
    private　int q;
    public
        int X(int a,int b) ;
        {
            t=a ;q=b ;
        }
        void printX(void) ;
}
```

(a)

```
class Y
{
    private :
        int p;
        int q;
    public
        Y(int n,int m) :n(p) q(m) ;
        { }
};
```

(b)

5. 写出具有下列数据成员的类的声明,并为该类型的对象声明进行适当的操作。

(1)学生的姓名、专业、预期毕业年份、等级平均分;

(2)省、省会、人口、面积、省长;

(3)一个圆柱体,允许修改半径和高度,并可计算表面积和体积。

6. ADT Calendar 包含了数据项 year 和逻辑数据值 leapyr,其操作如下:

构造函数 :初始化 year 和 leapyr。

NumDays(mm,dd):返回从该年第一天至给定月(mm)、日(dd)的天数。

Leapyear(void):指示某年是否是闰年。

PrintDate(ndays):按格式 mm/dd/yy 将日期 ndays 打印到 year 中。

写出此类的定义,实现 Calendar 类。

第 3 章 函数及函数应用

函数是 C++/C 程序的基本功能单元,其重要性不言而喻。函数设计时的细微缺陷容易导致该函数被错用,因此函数设计不能只关注函数功能的实现。本章重点介绍函数的接口设计和内部实现的一些规则。

函数接口的两个要素是参数和返回值。C 语言中,函数的参数和返回值的传递方式有两种:值传递(pass by value)和指针传递(pass by pointer)。C++ 语言中多了引用传递(pass by reference)。由于引用传递的性质像指针传递,而使用方式却像值传递,容易引起混乱,读者在学习时应特别注意。

3.1 函数应用实例

3.1.1 交换两个字符串

[例 3-1-1] 编写程序实现将以空格分隔的两个字符串互换,并以逗号隔开。完整的程序(prg3_1_1.cpp)如下:

```cpp
#include <iostream>
using namespace std;
/*将以空格分隔的两个字符串互换,以逗号相隔,并将结果存放在字符指针 newName 所指内存中*/
void ReverseName(char *name, char *newName)
{
    char *p;
    //查找 name 串中的第一个空格,并以 NULL 字符替代
    p = strchr(name,' ');
    *p = NULL;          //在 name 的前一字符串后添加一个结束符
    /*将后一字符串拷贝到 newName 的前半部分,并在后面添加一个逗号,与 name 的前一字符串相连*/
    strcpy(newName,p+1);
    strcat(newName,", ");
    strcat(newName,name);
    //将 name 中被替换的 NULL 换回空格,保持 name 仍为原串
    *p = ' ';
}
```

```
void main()
{
    char name[32], newName[32];//定义两个字符串
    int i;
    for (i = 0; i < 3; i++)        //读入name,是由空格隔开的两个子字符串组成的
    {
        cin.getline (name,32,'\n');//一次读取31个字符(包括空白字符)到name
        ReverseName(name,newName);
        cout << "Reversed name: " << newName << endl << endl;
    }
}
```

运行结果：

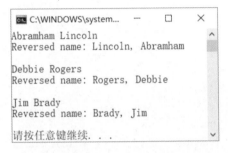

注意：此题读入两个由空格隔开的字符串，不能用以下语句来实现，因为该语句只接收一个字符串，遇"空格""TAB""回车"都结束。

  cin>> name;

如输入

  Abraham Lincoln

则name中只有Abraham,而cin.getline (name,32,'\n')是按行读取31个字符,包括空白字符。其语法为：

  cin.getline(指针,字符个数N,结束符);

功能是：一次读取多个字符(包括空白字符),直到读满N-1个,或者遇到指定的结束符为止(默认的是以'\n'结束)。

3.1.2 用函数实现顺序查找

[例3-1-2] 用函数实现顺序查找,即在一堆杂乱无序的数据中从头至尾查找某个数据,如找到元素,则显示查找的次数。完整程序见prg3_1_2.cpp。

```
#include <iostream>
using namespace std;
/* 在数组list中,从下标start所在元素开始找到下标n的元素,查找元素key,如果找到,返回元素所在下标i,如果找不到则返回-1 */
int SeqSearch(int list[], int start, int n, int key)
{
    for(int i=start;i < n;i++)
        if (list[i] == key)
```

```
        return i;
    return -1;
}
void main()
{
    int A[10];
    int key, count = 0, pos;
    cout << "Enter a list of 10 integers:";//输入10个整数
    for (pos=0; pos < 10; pos++)
        cin >> A[pos];
    cout << "Enter a key:";//输入要查找的元素
    cin >> key;
    pos = 0;//从下标0所在元素开始查找
    while ((pos = SeqSearch(A,pos,10,key)) != -1) //找到key后要接着往下查找
    {
        count++;
        pos++;
    }
    //输出结果,如果找到该元素不止一次,要输出 times
    cout << key << " occurs " << count << (count != 1 ? " times" : " time");
    count<< " in the list." << endl;
}
```

运行结果：

```
C:\WINDOWS\system32\cmd.exe                     —    □    ×
Enter a list of 10 integers: 5 2 9 8 1 5 8 7 5 3
Enter a key: 5
5 occurs 3 times in the list.
请按任意键继续. . .
```

3.1.3 使用交换排序方法将数据由小到大有序排列

[例3-1-3] 使用交换排序方法将15个无序的数据按由小到大有序排列。所谓交换，就是根据序列中两个记录键值的比较结果来对换这两个记录在序列中的位置，交换排序的特点是：将键值较大的记录向序列的尾部移动，将键值较小的记录向序列的前部移动。完整的程序（见 prg3_1_3.cpp）如下：

```
#include <iostream>
using namespace std;
//将变量x与y的值互换
void Swap(int & x, int & y)
{
    int temp = x;
    x = y;
    y = temp;
```

}
//将数组 a 的元素按升序排列
```cpp
void ExchangeSort(int a[], int n)
{
    int i, j;
    //历经 n-1 轮排序,将正确的数据分别放入 a[0],…,a[n-2]中
    for(i = 0; i < n-1; i++)
        for(j = i+1; j < n; j++)  //将 a[i+1]…a[n-1]中的最小值放入 a[i]中
            if (a[i] > a[j])      //如果 a[i] > a[j],则 a[i]与 a[j]互换
                Swap(a[i], a[j]);
}
void PrintList(int a[], int n)   //按下标顺序输出数组所有元素值
{
    for (int i = 0; i < n; i++)
        cout << a[i] << "  ";
    cout << endl;
}
void main()
{
    int list[15] = {38,58,13,15,51,27,10,19,12,86,49,67,84,60,25};
    int i;
    cout << "Original List\n";
    PrintList(list,15);            //调用该函数显示所有已排好序的元素
    ExchangeSort(list,15);
    cout << endl << "Sorted List" << endl;
    PrintList(list,15);
}
```

为了说明函数的使用方法,本题特意设计了函数 Swap(int & x, int & y)用于交换元素 x 和 y 的值,两个参数均使用了引用。但调用 Swap 的次数过多,不用每次都交换两个元素的值,只需要在每 i 趟比较中记下最小元素的下标号,与已排好序的第 i 个元素交换一次就可以。

运行结果:

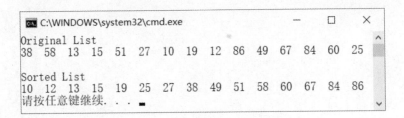

3.1.4 在文件中查找某些关键字出现的次数

[例 3-1-4] 在文本文件 prg3_1_4.txt 中查找五个关键字 else、for、if、include 及 while 出现的次数。完整的程序(见 prg3_1_4.cpp)如下:

```cpp
#include <iostream>
```

```cpp
#include <fstream>            //读文件用到的头文件
using namespace std;
#include <ctype.h>            //函数 isalpha 和 isdigit 用到的头文件
#include <stdlib.h>
//建立结构体,存储关键字及出现的次数
struct KeyWord
{
    char keyword[20];
    int  count;
};
//声明并初始化关键字表
KeyWord KeyWordTable[] ={{"else", 0}, {"for", 0}, {"if", 0},
                        {"include", 0}, {"while", 0}};
//基于关键字表的顺序查找算法
int SeqSearch(KeyWord * tab, int n, char * word)
{
    int i;
    //浏览关键字表,查看当前字符串 word 中的关键字是否在表中
    for (i=0; i < n; i++, tab++)
        if (strcmp(word, tab->keyword) == 0)
            return i;                       //如果在,则返回其在表中的下标位置
    return -1;                              //否则返回-1
}
//从文件中取下一个单词,规则是以字母开头,后跟字母或数字的字符串
int GetWord (ifstream& fin, char w[])
{
    char c;
    int  i = 0;
    //读取文件中的当前字符,如果不是字母,则继续读下一个,直到是字母为止
    while ( fin.get(c) && ! isalpha(c)){;}
    //如果已读到最后还不是字母,则函数返回 0,打开文件失败
    if (fin.eof)
        return 0;
    w[i++] = c;
    while (fin.get(c) && (isalpha(c) || isdigit(c)))
        w[i++] = c;
    w[i] = '\0';
    return 1;                               //函数返回 1 表示读取单词成功
}
void main()
{
    const int MAXWORD = 50;//单词的最大长度为 50
    //NKEYWORDS 存入供查找的关键字的个数为 5
```

```
        const int NKEYWORDS = sizeof(KeyWordTable)/sizeof(KeyWord);
        int n;
        char word[MAXWORD];
        ifstream fin;
        fin.open("prg3_1_4.txt",ios::in);
        if(! fin)
        {
            cerr << "Could not open file 'prg3_1_4.txt" << endl;
            exit(1);
        }
        //从文件中读出一个个字符放入字符数组 word 中
        while(GetWord(fin, word))
            if((n = SeqSearch(KeyWordTable,NKEYWORDS,word))! = -1)
                KeyWordTable[n].count++;
        for(n = 0; n < NKEYWORDS; n++)
            if(KeyWordTable[n].count > 0)
            {
                cout << KeyWordTable[n].count;
                cout << "  " << KeyWordTable[n].keyword << endl;
            }
        fin.close;
    }
```
运行结果为:

3.2 函数参数的规则

规则 1:参数的书写要完整,不要贪图省事只写参数类型而省略参数名字。如果函数没有参数,则用 void 填充。
例如:
  void SetValue(int width, int height);//良好的风格
  void SetValue(int, int);   //不合适的风格
  float GetValue(void);   //良好的风格
  float GetValue();   //不合适的风格

规则 2:参数命名要恰当,顺序要合理。
例如编写字符串拷贝函数 StringCopy,它包括两个参数。如果把参数名字起为 str1 和 str2:
  void StringCopy(char * str1, char * str2);

就很难搞清楚究竟是把 str1 拷贝到 str2 中,还是倒过来。可以把参数名字起得更有意义,如叫 strSource 和 strDestination。这样从名字上就可以看出,应该把 strSource 拷贝到 strDestination 中。

另一个问题是这两个参数哪个在前,哪个在后? 参数的顺序要遵循广大编程者的习惯。一般地,应将目的参数放在前面,源参数放在后面。因此函数可以声明为:

    void StringCopy(char * strDestination,char * strSource);

建议 1:如果参数是指针,且仅作输入用,则应在类型前加 const,以防止该指针在函数体内被意外修改。例如:

    void StringCopy(char * strDestination,const char * strSource);

建议 2:如果输入参数以值传递的方式传递对象,则宜改用"const &"方式来传递,这样可以省去临时对象的构造和析构过程,从而提高效率。

建议 3:避免函数有太多的参数,参数个数尽量控制在 5 个以内。如果参数太多,在使用时容易将参数类型或顺序搞错。

3.3 返回值的规则

规则 1:不要省略返回值的类型。

C 语言中,凡不加类型说明的函数,一律自动按整型处理。建议不要这样做,以免被误解为 void 类型。

C++ 语言有很严格的类型安全检查,不允许上述情况发生。由于 C++ 程序可以调用 C 函数,为了避免混乱,规定任何 C++/C 函数都必须有类型。如果函数没有返回值,那么应声明为 void 类型。

规则 2:函数名字与返回值类型在语义上不可冲突。

违反这条规则的典型代表是 C 标准库函数 getchar。如:

    char c;
    c = getchar;
    if (c == EOF)
    …

按照 getchar 名称的意思,将变量 c 声明为 char 类型是很自然的事情。然而 getchar 不是 char 类型,而是 int 类型,其原型如下:

    int getchar(void);

由于 c 是 char 类型,取值范围是[-128,127],如果宏 EOF 的值在 char 的取值范围之外,那么 if 语句将总是失败,读者一般都预料不到这种"危险"。因此导致本例错误的责任并不在用户,是函数 getchar 误导了用户。

规则 3:不要将正常值和错误标志混在一起返回。正常值用输出参数获得,而错误标志用 return 语句返回。

回顾前面所讲,C 标准库函数的设计者为什么要将 getchar 声明为 int 类型呢?

在正常情况下,getchar 的确返回单个字符。但如果 getchar 碰到文件结束标志或发生读错误,它必须返回一个标志 EOF。为了区别于正常的字符,只好将 EOF 定义为负数(通常为 -1)。因此函数 getchar 就成了 int 类型。

在实际工作中,经常会碰到上述令人为难的问题。为了避免误解,应该将正常值和错误标志分开。即正常值用输出参数获得,而错误标志用 return 语句返回。因此函数 getchar 可以改写成:

    BOOL GetChar(char * c);

虽然 gechar 比 GetChar 灵活,例如 putchar(getchar);但是如果 getchar 用错了,它的灵活性又有什么用呢?

建议 1:有时候函数原本不需要返回值,但为了增加灵活性如支持链式表达,可以附加返回值。

例如,字符串拷贝函数 strcpy 的原型:

    char * strcpy(char * strDest,const char * strSrc);

strcpy 函数将 strSrc 拷贝至输出参数 strDest 中,同时函数的返回值又是 strDest。这样做可以增强函数的灵活性。

    char str[20];
    int   length = strlen(strcpy(str, "Hello World"));

建议 2:如果函数的返回值是一个对象,有些场合用"引用传递"替换"值传递"可以提高效率。有些场合只能用"值传递"而不能用"引用传递",否则会出错。例如:

```
class String
{ …
    //赋值函数
    String & operate=(const String &other);
    //相加函数,如果没有 friend 修饰则只许有一个右侧参数
    friend String operate+( const String &s1, const String &s2);
    private:
        char * m_data;
};
```

String 的赋值函数 operate = 的实现如下:

```
String & String::operate=(const String &other)
{
    if (this == &other)
        return * this;
    delete m_data;
    m_data = new char[strlen(other.data)+1];
    strcpy(m_data, other.data);
    return * this;//返回的是 * this 的引用,无需拷贝过程
}
```

对于赋值函数,应当用"引用传递"的方式返回 String 对象。如果用"值传递"的方式,虽然功能仍然正确,但由于 return 语句要把 * this 拷贝到保存返回值的外部存储单元中,增加了不必要的开销,降低了赋值函数的效率。例如:

    String a,b,c;
    …
    a = b;//如果用"值传递",将产生一次 * this 拷贝

```
    a = b = c;    //如果用"值传递",将产生两次 *this 拷贝
String 的相加函数 operate + 的实现如下:
String  operate+(const String &s1, const String &s2)
{
    String temp;
    delete temp.data;            //temp.data 是仅含\0'的字符串
    temp.data = new char[strlen(s1.data) + strlen(s2.data) +1];
    strcpy(temp.data, s1.data);
    strcat(temp.data, s2.data);
    return temp;
}
```

对于相加函数,应当用"值传递"的方式返回 String 对象。如果改用"引用传递",那么函数返回值是一个指向局部对象 temp 的"引用"。由于 temp 在函数结束时被自动销毁,将导致返回的"引用"无效。例如:

```
    c = a + b;
```

此时 a+b 并不返回期望值,c 什么也得不到,埋下了隐患。

3.4 函数内部实现的规则

不同功能的函数其内部实现各不相同,看起来似乎无法就"内部实现"达成一致的观点。但根据经验,可以在函数体的"入口处"和"出口处"从严把关,从而提高函数的质量。

规则:在函数体的"出口处",对 return 语句的正确性和效率进行检查。

如果函数有返回值,那么函数的"出口处"是 return 语句。不要轻视 return 语句。如果 return 语句写得不好,函数要么出错,要么效率低下。

注意事项如下:

(1) return 语句不可返回指向"栈内存"的"指针"或者"引用",因为该内存在函数体结束时被自动销毁。例如:

```
    char * Func(void)
    {
        char str[] = "hello world";//str 的内存位于栈上
        ...
        return str;             //将导致错误
    }
```

(2) 要搞清楚返回的究竟是"值""指针"还是"引用"。

(3) 如果函数返回值是一个对象,要考虑 return 语句的效率。例如:

```
    return String(s1 + s2);
```

这是临时对象的语法,表示"创建一个临时对象并返回它"。不要以为它与"先创建一个局部对象 temp 并返回它的结果"是等价的,如:

```
    String temp(s1 + s2);
    return temp;
```

实质不然,上述代码将发生三件事。首先,temp 对象被创建,同时完成初始化;其次,拷贝

构造函数把 temp 拷贝到保存返回值的外部存储单元中；最后，temp 在函数结束时被销毁（调用析构函数）。然而"创建一个临时对象并返回它"的过程是不同的，编译器直接把临时对象创建并初始化在外部存储单元中，省去了拷贝和析构的时间，提高了效率。

类似地，不要将

  return int(x ＋ y);//创建一个临时变量并返回它

写成

  int temp ＝ x ＋ y;

  return temp;

虽然该"临时变量"的语法不会提高多少效率，但由于内部数据类型如 int、float、double 的变量不存在构造函数与析构函数，程序更加简捷易读。

3.5 关于函数的其他建议

关于函数还有如下几项建议：

(1)函数的功能要单一，不要设计多用途的函数。

(2)函数体的规模要小，尽量控制在 50 行代码之内。

(3)尽量避免函数带有"记忆"功能。相同的输入应当产生相同的输出。带有"记忆"功能的函数，其行为可能是不可预测的，因为它的行为可能取决于某种"记忆状态"。这样的函数既不易理解又不利于测试和维护。在 C/C++语言中，函数的 static 局部变量是函数的"记忆"存储器。建议尽量少用 static 局部变量，除非必须用。

(4)不仅要检查输入参数的有效性，还要检查通过其他途径进入函数体内的变量的有效性，例如全局变量、文件句柄等。

(5)用于出错处理的返回值一定要清楚，以免使用者忽视或误解。

习　　题

1. 单项选择题。

(1)正确的函数定义形式为。

A. void fun(void)   B. double fun(int x;int y)

C. int fun(int＝0,int);   D. double fun(int x,y)

(2)C++语言中规定函数的返回值的类型是由。

A. return 语句中的表达式类型决定的

B. 调用该函数时的主调函数类型决定的

C. 调用该函数时系统临时决定的

D. 定义该函数时所指定的函数类型决定的

(3)C++中，关于默认形参值，正确的描述是(　)。

A. 设置默认形参值时，形参名不能缺省

B. 只能在函数定义时设置默认形参值

C. 应该先从右边的形参开始向左边依次设置

D. 应该全部设置

(4) 有函数原型 void fun4 (int &);下面选项中,正确的调用是( )。

A. int x=2.17; fun4(&x);   B. int a=15; fun4(a*3.14);

C. int b=100; fun4(b).;   D. fun4(256);

(5) 下列的描述中,( )是错误的。

A. 使用全局变量可以从被调用函数中获取多个操作结果

B. 局部变量可以初始化,若不初始化,则系统默认它的值为 0

C. 在函数调用完后,静态局部变量的值不会消失

D. 全局变量若不初始化,则系统默认它的值为 0

(6) 下列选项中,( )具有文件作用域。

A. 函数形参   B. 局部变量   C. 全局变量   D. 静态变量

(7) int i=100;下列引用方法中,正确的是( )。

A. int &r=i;   B. int &r=100;

C. int &r;   D. int &r=&i;

(8) 以下 C++程序的运行结果是( )。

```
#include <iostream>
using namespace std;
int &func(int &num)
{
    num++;
    return num;
}
void main()
{
    int n1,n2=5;
    n1=func(n2);
    cout<<n1<<""<<n2<<endl;
}
```

A. 56   B. 65   C. 66   D. 55

(9) 以下程序的运行结果是( )。

```
#include <iostream>
using namespace std;
void main()
{
    int num=1;
    int &ref=num;
    ref=ref+2;
    cout<<num;
    num=num+3;
    cout<<ref<<endl;
}
```

A. 13   B. 16   C. 36   D. 33

2. 引用与指针的区别是什么？
3. 什么时候需要使用"引用"？什么时候需要使用"常引用"？
4. 将"引用"作为函数参数有哪些特点？
5. 将"引用"作为函数返回值类型的格式、好处和需要遵守的规则是什么？
6. 输入 m、n 和 p 的值，求 $s=\dfrac{1+2+\cdots+m+1^3+2^3+\cdots+n^3}{1^5+2^5+\cdots+p^5}$ 的值。注意判断运算中的溢出。
7. 设计函数，判断某整数是否为素数，并完成下列程序设计。
    (1) 求 3～200 之间的所有素数。
    (2) 在 4～200 之间，验证歌德巴赫猜想：任何一个充分大的偶数都可以表示为两个素数之和。输出 4=2+2 6=3+3+…+200=3+197
8. 编写递归函数，求两个数的最大公约数，并在主函数中加以调用验证。
9. 把以下程序中的 print() 函数改写为等价的递归函数。

    ```
    void print( int w)
    {
       for( int i=1;i<=w;i++)
       {
          for( int j=1;j<=i;j++)
             cout<<i<<" ";
          cout<<endl;
       }
    }
    ```

10. 本题使用第 2 章课后习题 6 中定义的 Calendar 类，编写函数
    int DayInterval(Calendar C,int m1,int d1,int m2,int d2) ;
返回两个日期之间的天数。编写一个主程序完成以下任务：
(1) 打印当前年份是否为闰年的信息。
(2) 用 NumDays 确定从一年的第一天直到圣诞节的天数。
(3) 将(2)的结果传递给 PrintDate 并验证是否打印出了正确日期。
(4) 计算从今天开始直到圣诞节的天数。
(5) 计算 2 月 1 日到 3 月 1 日之间的天数。
11. 扩展 Circle 类的定义，扇形的面积公式为 $(n/360)\times\pi r^2$，用此类解决以下问题：一个圆形游乐场被定义为半径为 100 m 的对象，用程序确定给游乐场围上围墙的成本，围墙造价是每米 240 元，游乐场的表面多为草坪，但有一 30°角的扇形区域不是草坪，用程序确定以每 2×8 幅面(16 平方米，400 元)铺草坪的成本。

围墙：Cost＝Circumference * 240
草坪：Lawn_Area＝Area－Sector_Area
　　　Number_Rolls＝Lawn_Area/16
　　　Cost＝Number_Rolls * 400

第4章 用面向对象程序实现线性表

本章将引入线性表的相关内容,并用面向对象知识重写其结构。如果读者编程时能够自觉运用基于数据结构基础之上的算法设计,将会大幅提高自身编程水平。为了保证未学过数据结构的读者也能读懂本章内容,本章4.1小节补充了数据结构的相关基础知识。

4.1 相关基本概念

4.1.1 数据及数据元素

数据(data)是对现实世界的事物采用计算机能够识别、存储和处理的形式进行描述的符号的集合。

数据元素(elements)是数据的基本单位,一个数据元素又可以由若干个数据项(items)组成。数据对象是性质相同的数据元素的集合,是数据集合的一个子集。数据元素则是数据对象集合中的一个成员。例如,学生情况表就是一个数据对象。整数集合、复数集合都是数据对象。

4.1.2 数据结构

在任何数据对象中,数据元素都不是孤立存在的,它们相互之间存在一种或多种特定的关系,这种关系称为结构。涉及计算机的数据结构概念,一般认为应包括以下三个方面。

(1)数据元素及数据元素之间的逻辑关系,也被称为数据的逻辑结构;

(2)数据元素及数据元素之间的关系在计算机中的存储表示,也被称为数据的存储结构或物理结构;

(3)数据的运算,即对数据施加的操作。

数据的逻辑结构是从逻辑关系层面描述数据,是根据问题所要实现的功能而建立的。数据的逻辑结构是面向问题的,独立于计算机。数据的存储结构依赖于计算机,是指一种数据结构在存储器中的存储方式,根据问题所要求的响应速度、处理时间、存储空间和处理速度等建立。

每种逻辑结构都有一个运算的集合,例如,最常见的运算有插入、删除、检索、排序等,这些运算在数据的逻辑结构上定义,只规定"做什么",在数据的存储结构上考虑运算的具体实现,规定"如何做"。由于存储方式有顺序、链接、散列等多种形式,一种数据结构可以根据应用的需要表示成任一种或几种存储结构。数据的逻辑结构和存储结构都反映数据的结构,但通常所说的数据结构是指数据的逻辑结构,不包含存储结构的含义。

数据的存储结构包括如下两种形式。

(1)顺序存储结构:其特点是逻辑上相邻的两个元素在物理位置上也相邻。

(2)链式存储结构:不要求逻辑上相邻的元素在物理位置上也相邻。

4.1.3 数据类型及抽象数据类型

数据类型是指程序设计语言中各变量可取的数据种类。数据类型是高级程序设计语言中的一个基本概念,它和数据结构的概念密切相关,一方面,在程序设计语言中,每一个数据都属于某种数据类型,类型显式或隐含地规定了数据的取值范围、存储方式及允许进行的操作。另一方面,在程序设计中,当需要引入某种新的数据结构时,总是借助编程语言所提供的数据类型来描述数据的存储结构。

抽象数据类型(Abstract Data Type,ADT)等同于类的逻辑描述,是指一个数学模型以及定义在此数学模型上的一组操作。抽象数据类型的描述包括给出抽象数据类型的名称、数据的集合、数据之间的关系和操作的集合等。抽象数据类型的设计者根据这些描述给出操作的具体实现,抽象数据类型的使用者依据这些描述使用抽象数据类型。

抽象数据类型描述的一般形式如下:

  ADT 抽象数据类型名称{

    数据对象:

    …

    数据关系:

    …

    操作集合:

    操作名 1:

      ⋮

    操作名 n:

  }ADT 抽象数据类型名称

对于常用的数组、记录、字符串和文件等结构类型来说,其元素都是按位置有序排列的,就此可把他们看作线性数据结构,并且是可以直接存取的。

4.2 用类实现抽象数据类型 SeqList 线性表

日常生活中,会遇到这样一类线性表,插入元素在表尾,删除元素可以在表中的任意位置。如生活中常见的经营录相带出租业务,每来一部新片子,自然会放到线性表的表尾,而顾客每租借一部片子则删去一个元素(可以在任意位置),再还回来又放在了表尾。这类线性表称为 seqlist 表。将这种结构在类 SeqList class 中来声明和实现(用顺序存储方法),并放在文件 seqlist.h 中。

以下是 seqlist.h 的内容:

```
#ifndef SEQLIST_CLASS
#define SEQLIST_CLASS
#include <iostream>
```

```cpp
using namespace std;
#include <stdlib.h>
const int MaxListSize = 500;
class SeqList
{
   private:
      DataType listitem[MaxListSize];  //存放表的数组及当前表中元素个数
      int size;
   public:
      SeqList(void);  //构造函数
      //访问表元素的函数
      int ListSize(void) const;
      int ListEmpty(void) const;
      int Find (DataType& item) const;
      DataType GetData(int pos) const;
      //改变表元素的函数
      void Insert(const DataType& item);
      void Delete(const DataType& item);
      DataType DeleteFront(void);
      void ClearList(void);
};
SeqList::SeqList (void): size(0)
{  }
int SeqList::ListSize(void) const
{
   return size;
}
int SeqList::ListEmpty(void) const
{
   return size == 0;
}
void SeqList::ClearList(void)
{
   size = 0;
}
//若 item 在表中则返回 True,并将找到的元素由形参 item 返回,否则返回 False。
int SeqList::Find(DataType& item) const
{
   int i = 0;
   if (ListEmpty)
      return 0;
   while (i < size && ! (item == listitem[i]))
      i++;
```

```cpp
    if (i < size)
    {
        item = listitem[i];//将表中元素赋给 item
        return 1;//返回 True
    }
    else
        return 0;//返回 False
}
void SeqList::Insert(const DataType& item)
{
    if (size+1 > MaxListSize)
    {
        cerr << "Maximum list size exceeded" << endl;
        exit(1);
    }
    listitem[size] = item;
    size++;//元素个数 size-1
}
void SeqList::Delete(const DataType& item)
{
    int i = 0;
    while (i < size && ! (item == listitem[i]))
        i++;
    if (i < size)//若 i < size,则找到该元素
    {
        while (i < size-1)
        {
            listitem[i] = listitem[i+1];
            i++;
        }
        size--;//元素个数 size-1
    }
}
DataType SeqList::DeleteFront(void)
{
    DataType frontItem;
    if (size == 0)
    {
        cerr << "Attempt to delete the front of an empty list!" << endl;
        exit(1);
    }
    frontItem = listitem[0];
    Delete(frontItem);
```

```
        return frontItem;
    }
    //返回表中位于 pos 位置的数据值。若 pos 非法,则终止程序并给出出错信息
    DataType SeqList::GetData(int pos) const
    {
        if (pos < 0 || pos >= size)
        {
            cerr << "pos is out of range!" << endl;
            exit(1);
        }
        return listitem[pos];
    }
    #endif//SEQLIST_CLASS
```

[例 4-2-1] 图书借阅。

假设在 Books 文件中存放了已有的图书名称,它的内容代表已有的可供借阅的图书(假设每本图书只有 1 本)。文件 Books 内容如下:(可以用记事本创建,没有扩展名)

```
War of the Worlds
Casablanca
Dirty Harry
Animal House
The Ten Commandments
Beauty and the Beast
Schindler's List
Sound of Music
La Strata
Star Wars
```

假如有四位读者要来借图书,若图书在书店里,则出借,若没有,给出提示信息。首先,将从文件中将这些图书信息读入 SeqList class 类的对象 inventoryList 中。建立图书库存清单(用插入操作建立 inventoryList)。其次,由键盘输入借阅者名字及他(她)要借阅的图书,如果这本图书在 inventoryList 中,则将之从 inventoryList 中删去并加入到另一个线性表 CustomerList 中,该表中的每一个元素都由借阅者及所借图书组成,即是一个结构体:

```
structBookData
{
    charbookName[32];//用于存放图书名称
    charcustomerName[32];//用于存放借阅者
};
```

"=="运算符进行了重载,用于比较两个字符串,如果两个字符串相同,则返回非 0 (TRUE),如果不相同,返回 0 (FALSE)。

```
    int operator == (constBookData& A, const BookData& B)
    {
        returnstrcmp(A.bookName,B.bookName) == 0;
    }
```

SeqList 对象中的所有数据元素类型 DataType 均为结构体 BookData 类型：
   typedef BookData   DataType;
为此，要再建一个头文件 book.h，存入以上的信息。完整的 book.h 内容如下：
   struct BookData
   {
       char bookName[32];
       char customerName[32];
   };
   //用比较图书名来重载"=="
   int operator == (const BookData& A, const BookData& B)
   {
       return strcmp(A.bookName,B.bookName) == 0;
   }
   //在类中 SeqList 使用 BookData
   typedef BookData   DataType;

有了上述的两个头文件，整个图书借阅的思路为：写函数 SetupInventoryList，从文件 Books 中将所有可供借阅的图书插入表 inventoryList 中，建立借阅库存清单表。随后设置循环操作，从键盘输入借阅者姓名及想借阅的图书，在已建立的 inventoryList 中去查找借阅者所要的图书是否存在，假如存在，则出借，也就是先删去 inventoryList 中的这本图书，再将删去的图书名及借阅者一起存入另一张表 customerList 表中，customerList 表也是 SeqList 类型的表，只不过表中的每个元素都由图书名及借阅者两部分组成。最后，将 inventoryList 表及 customerList 的内容显示出来，分别代表当前的库存图书及已借阅情况。

完整的图书借阅程序 prg4_2_1.cpp 内容如下：

```
#include <iostream>
using namespace std;
#include <fstream>
#include <stdlib.h>
#include <string.h>
#include "book.h"        //有关数据说明
#include "seqlist.h"     //引入类 SeqList
//从磁盘中读入可供借阅的图书
void SetupInventoryList(SeqList &inventoryList)
{
    ifstream bookFile;
    BookData bd;
    //打开文件，若出错，则终止程序
    bookFile.open("Books", ios::in);
    if (! bookFile)
    {
        cerr << "File 'books' not found!" << endl;
        exit(1);
    }
```

```cpp
        //逐行读入文件内容,直到文件结束,将图书名插入表 inventorylist 中
        while(bookFile.getline(bd.bookName,32,'\n'))
inventoryList.Insert(fd);
}
//遍历 inventorylist 表并输出所有图书名
voidPrintInventoryList(const SeqList &inventoryList)
{
    inti;
BookData bd;
    for (i = 0; i < inventoryList.ListSize( ); i++)
    {
bd = inventoryList.GetData(i);   //取到图书的记录
cout << bd.bookName <<endl;   //输出图书名
    }
}
//遍历 customerlist 表,并输出借阅者及图书名
voidPrintCustomerList(const SeqList &customerList)
{
     inti;
BookData bd;
    for (i = 0; i < customerList.ListSize( ); i++)
    {
bd = customerList.GetData(i);   //取到借阅者记录
cout << bd.customerName << " (" << bd.bookName<< ")" << endl;
    }
}
void main(void)
{
SeqList inventoryList, customerList;
    inti;
    //可供借阅的图书文件
BookData   bdata;
    char customer[20];
SetupInventoryList(inventoryList);   //读入借阅的图书文件
    //对 4 位借阅者,询问他们的名字及欲借阅图书
    //若该图书还有,则将该图书从可供借阅图书表中删除
    //并将图书名和借阅者插入借阅者表中;否则,告诉借阅者该图书已被借走
    for (i = 0; i < 4; i++)
    {
cout << "Customer Name: ";
cin.getline(customer,32,'\n');        //读入借阅者
cout << "Book Request: ";
cin.getline(bdata.bookName,32,'\n');  //读入欲借阅图书
```

```
            //检查该图书是否还有,若有,则产生一个借阅者记录
            if (inventoryList.Find(bdata))
            {
strcpy(bdata.customerName, customer);
customerList.Insert(bdata);         //插入借阅者表中
inventoryList.Delete(bdata);        //从可供借阅图书表中删除该图书
            }
            else
cout << "Sorry! " << bdata.bookName << " is not available." << endl;
    }
    cout << endl;
        //输出最后的借阅者表和可供借阅图书表
    cout << "Customers Renting Books " << endl;
    PrintCustomerList(customerList);
    cout << endl;
    cout << "Books Remaining in Inventory:" << endl;
    PrintInventoryList(inventoryList);
}
```

运行结果:

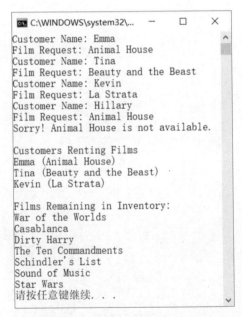

知识点:用 typedef 可以为一个已有的类型名提供一个同义词,该同义词可以代替该类型在程序中使用。用法是以 typedef 开始,随后是要表示的类型,最后是同义词和分号。typedef 实际上没有定义一个新的数据类型,在建立一个 typedef 类型时没有分配内存。如:

```
typedef double profit;       //定义 double 的同义类型
typedef int INT, integer;    //定义 int 的两个同义类型
INT a;          //同 int a;
integer a;      //同 int a;
```

profit d;   //同 double d;

struct _x1 { ...}x1；和 typedef struct _x2{ ...} x2；有什么不同？

struct 结构名	typedef struct 结构名
{	{
类型 变量名；	类型 变量名；
类型 变量名；	类型 变量名；
…	…
}结构变量；	}结构别名；

前者定义了结构体_x1 及其对象实例 x1，后者则定义了结构体_x2 及其结构体别名 x2。

4.3　用类实现抽象数据类型——堆栈

堆栈是一种具有后进先出性质的线性表，也就是说最后存放的最先取出，最先存放的最后取出。如同要取出放在箱子里面底下的东西（放入得比较早的物体），首先要移开压在它上面的物体（放入得比较晚的物体）。

堆栈中的插入操作称为 push（压栈），删除操作称为 pop（弹栈）。堆栈中的操作只在线性表的一端进行，称为栈顶，需要有一个指示栈顶元素位置的指针 top。

顺序存储的堆栈类的定义及实现如下（在头文件 astack.h 中）：

```cpp
#ifndef STACK_CLASS
#define STACK_CLASS
#include <iostream>
using namespace std;
#include <stdlib.h>
const int MaxStackSize = 50;
class Stack
{
    private:
        //私有数据成员，栈数组及顶指针 top
        DataType stacklist[MaxStackSize];
        int top;
    public:
        Stack (void); //构造函数
        //压栈、弹栈及清空栈操作
        void Push (const DataType& item);
        DataType Pop (void);
        void ClearStack(void);
        //查看栈顶元素
        DataType Peek (void) const;
        //检测堆栈为空或满的方法
        int StackEmpty(void) const;
        int StackFull(void) const;
```

```cpp
};
Stack::Stack (void): top(-1) //初始化 top,-1 表示堆栈为空
{ }
void Stack::Push (const DataType& item) //push 操作,往栈中压入 item
{
    if (top == MaxStackSize-1) //若栈已满,则终止程序
    {
        cerr << "Stack overflow!" << endl;
        exit(1);
    }
    //将 top 加 1 并将 item 拷贝到 stacklist 中
    top++;
    stacklist[top] = item;
}
//将顶元素弹出堆栈并返回其值
DataType Stack::Pop (void)
{
    DataType temp;
    if (top == -1)      //若栈为空,程序退出
    {
        cerr << "Attempt to pop an empty stack!" << endl;
        exit(1);
    }
    temp = stacklist[top]; //将顶元素赋值给 temp
    //top 减 1 并返回 temp 值
    top--;
    return temp;
}
//返回栈顶元素的值
DataType Stack::Peek (void) const
{
    if (top == -1) //若栈为空,则程序终止
    {
        cerr << "Attempt to peek at an empty stack!" << endl;
        exit(1);
    }
    return stacklist[top];
}
//检查栈是否为空
int Stack::StackEmpty(void) const
{
    return top == -1;    //返回 top == -1 的逻辑值
}
```

```cpp
int Stack::StackFull(void) const    //检查栈是否为满
{
    return top == MaxStackSize-1;
}
void Stack::ClearStack(void)        //从栈中清除所有元素
{
    top = -1;
}
#endif//STACK_CLASS
```

[例4-3-1] 判定一个字符串是否是回文(回文是指一个字符串正读和倒读都是一样的)。

可以借助栈来对回文进行判定,将从键盘输入的字符串逐个执行入栈操作,最后执行出栈操作,每出一个字符,与原字符进行比较,如果相等,则继续弹出下一个字符,如果栈为空,则该字符串是回文,如果不相等,则不是回文。完整的程序如下(见 prg4_3_1.cpp):

```cpp
#include <iostream>
using namespace std;
typedef char DataType；    //栈元素为字符类型
#include "astack.h"
void Deblank(char *s, char *t) //产生去掉所有空格后的新串
{
    while(*s != NULL)      //遍历整个串,直到串结束符 NULL
    {
        if(*s != ' ')      //若字符非空格,则拷贝至新串中
            *t++ = *s;
        s++;//取下一字符
    }
    *t = NULL;//在新串后拼接 NULL
}
void main()
{
    const int True = 1, False = 0;
    Stack S;                    //栈 S 中存放串的逆序
    char palstring[80], deblankstring[80], c;
    int i = 0;
    int ispalindrome = True;    //首先假定串为回文
    cin.getline(palstring,80,'\n');  //读入一行
    Deblank(palstring,deblankstring);  //去掉空格并将结果置于 deblankstring 串
    //将无空格的串压入栈中
    i = 0;
    while(deblankstring[i] != 0)
    {
        S.Push(deblankstring[i]);
        i++;
```

第 4 章　用面向对象程序实现线性表

```
    }
    //将字符出栈并与原始串进行比较
    i = 0;
    while(! S.StackEmpty)
    {
        c = S.Pop;    //从栈中取下一字符
        //若字符不相等,则退出循环
        if(c ! = deblankstring[i])
        {
            ispalindrome = False;//不是回文
            break;
        }
        i++;
    }
    if(ispalindrome)
        cout << '\"' << palstring << '\"' << " is a palindrome" << endl;
    else
        cout << '\"' << palstring << '\"' << " is not a palindrome" << endl;
}
```

运行结果 1：

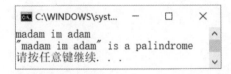

运行结果 2：

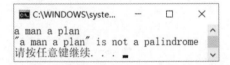

本例中的函数：

　　DataType Peek(void) const;
　　int StackEmpty(void) const;
　　int StackFull(void) const;

都是常成员函数。使用关键字 const 说明的函数为常成员函数，const 是函数类型的一部分，因此在实现部分也要带 const。常成员函数不能更新对象的数据成员，也不能调用该类中没有用 const 修饰的成员函数。如果将一个对象说明为常对象，则通过该对象只能调用它的常成员函数，而不能调用其他成员函数。

NULL 的 ASCII 码为 0，不是空格字符的 32，因此：

　　while(*s! =' ')　　　等价于　(*s! =32);
　　while(*s! =NULL) 等价于 while(*s! =0);
　　while(*t=NULL)　　等价于 while(*t=0);

为了提高堆栈和队列的通用性,在这里引入了 typedef 宏定义。通过该宏定义可以将堆栈和队列中的数据元素定义为任意类型。如:

```
typedef char DataType;
#include "astack.h"
```

使用堆栈时,必须将该宏定义写在堆栈的头文件之前,如上例所示。

[**例 4-3-2**] 进制转换,将 10 进制数转换为 2~9 进制中的任一进制。借助于栈,将余数逆向输出即为所得进制。完整的程序如下(见 prg4_3_2.cpp):

```cpp
#include <iostream>
using namespace std;
typedef int DataType;
#include "astack.h"
//将 B 进制输出整数 num
void MultibaseOutput(long num, int B)
{
    //自左向右存放 B 进制的各位数
    Stack S;
    //自右向左取得 B 进制的各位数并压入栈 S 中
    do
    {
        S.Push(int(num % B));//压入栈中
        num /= B;//去掉最高位
    } while (num != 0);//继续至所有数字计算完毕
    while (! S.StackEmpty())   //倒空栈
        cout << S.Pop;
}
void main()
{
    long num;//十进制数
    int B;//基数
    //分别读入 3 个正整数及要转换成的基数 2 <= B <= 9
    for(int i=0; i < 3; i++)
    {
        cout << "Enter non-negative decimal number and base "
            << "(2<=B<=9): ";
        cin >> num >> B;
        cout << num << " base " << B << " is ";
        MultibaseOutput(num, B);
        cout << endl;
    }
}
```

运行结果:

```
C:\WINDOWS\system32\cmd.exe
Enter non-negative decimal number and base (2<=B<=9): 34 2
34 base 2 is 100010
Enter non-negative decimal number and base (2<=B<=9): 179 8
179 base 8 is 263
Enter non-negative decimal number and base (2<=B<=9): 3553 8
3553 base 8 is 6741
请按任意键继续. . .
```

4.4 用类实现抽象数据类型——队列

队列(queue)是一种具有先进先出性质的线性表，也就是说先进入的元素先取出，或者先来先服务。队列与日常生活中排队的例子很像。

堆栈中讲过的 Stack 这一数据结构是用数组实现的，但数组有一个缺陷，即每删去一个元素，其余元素均要前移。对 Stack 而言，删除元素可以位于 list 尾，因此，这一现象表现得不太明显。但对队列，由于总是删除第一个元素，因此后面所有元素都要前移，效率就太低了。因此，引入循环队列，让队列的头和尾自己移动，而让元素不动，极大地提高了程序的效率。

循环队列的关键语句如下：

  Front=(front+1)％MaxQSize；
  Rear=(rear+1)％MaxQSize；

顺序存储的队列类的定义及实现如下：(在头文件 aqueue.h 中)

```cpp
#ifndef QUEUE_CLASS
#define QUEUE_CLASS
#include <iostream>
using namespace std;
#include <stdlib.h>
//设置队列最大长度
const int MaxQSize = 50;
class Queue
{
    private:
        //队列数组及其参数
        int front, rear, count;
        DataType qlist[MaxQSize];
    public:
        //构造函数
        Queue(void);//初始化数据成员
        //改变队列的操作
        void QInsert(const DataType& item);
        DataType QDelete(void);
        void ClearQueue(void);
        //访问队列
        DataType QFront(void) const;
```

```cpp
    //检测队列状态
    int QLength(void) const;
    int QEmpty(void) const;
    int QFull(void) const;
};
//初始化队列的 front,rear,count
Queue::Queue (void) : front(0), rear(0), count(0)
{}
    //往队列中插入元素
void Queue::QInsert (const DataType& item)
{
    //若队列已满,则出错退出
    if (count == MaxQSize)
    {
        cerr << "Queue overflow!" << endl;
        exit(1);
    }
    //count 加 1,将元素加入 qlist 并修改 rear 值
    count++;
    qlist[rear] = item;
    rear = (rear+1) % MaxQSize;
}
//删除队首元素并返回其值
DataType Queue::QDelete(void)
{
    DataType temp;
    //若队列 qlist 为空,则退出程序
    if (count == 0)
    {
        cerr << "Deleting from an empty queue!" << endl;
        exit(1);
    }
    //记录队首元素的值
    temp = qlist[front];
    //元素个数减 1,前移首指针,并返回原队首
    count--;
    front = (front+1) % MaxQSize;
    return temp;
}
//返回首指针值
DataType Queue::QFront(void) const
{
    return qlist[front];
```

```cpp
}
//返回队列元素数
int Queue::QLength(void) const
{
    return count;
}
//检查空队列
int Queue::QEmpty(void) const
{
    //返回逻辑值 count == 0
    return count == 0;
}
//检查空队列
int Queue::QFull(void) const
{
    //返回逻辑值 count == MaxQSize
    return count == MaxQSize;
}
//清空队列,将 count,front 与 rear 赋值为 0
void Queue::ClearQueue(void)
{
    count = 0;
    front = 0;
    rear = 0;
}
#endif//QUEUE_CLASS
```

队列中的 MaxQSize 相当于堆栈中的 MaxStackSize 或线性表中的 MaxListSiz。size 相当于堆栈中的 top-1 或线性表中的 count。

在对队列、堆栈或线性表进行操作时,首先要判断其当前状态。(例如:从堆栈中读取数据时首先要判断该堆栈是否为空)。

队列中的 QInsert 相当于堆栈中的 Push 或线性表中的 Insert 操作;QDelete 相当于线性表中的 Delete(GetData(0))操作;线性表中的 Delete(GetData(ListSize−1))操作相当于堆栈中的 Pop 操作;队列中的 QEmpty 相当于堆栈中的 StackEmpty 或线性表中的 ListEmpty。

为了提高堆栈和队列的通用性,在这里引入了 typedef 宏定义。通过该宏定义可以将堆栈和队列中的数据元素定义为任意类型。如下所示:

```cpp
typedef char DataType;
#include "aqueue.h"
```

使用队列时,必须将该宏定义写在队列的头文件之前。

[例 4-4-1] 找舞伴。从文件 dance.dat 中读出男生(性别为 M)和女生(性别为 F),建立两个队列,然后依次从男生队列与女生队列中删除一名同学并组成舞伴,直至其中一个为空队列时,程序结束,并显示出剩余队列中的同学的名字。

文件 dance.dat 的内容如下:

M George Thompson
F Jane Andrews
F Sandra Williams
M Bill Brooks
M Bob Carlson
F Shirley Granley
F Louise Sanderson
M Dave Evans
M Harold Brown
F Roberta Edwards
M Dan Gromley
M John Gaston

完整的程序如下(见 prg4_4_1.cpp)：

```cpp
#include <iostream>
using namespace std;
#include <iomanip>
#include <fstream>
//跳舞者记录
struct Person
{
    char  name[20];
    char  sex;//'F'(女性) 'M'(男性)
};
//存放 Person 对象的队列
typedef Person DataType;
#include "aqueue.h"
void main()
{
    //分开建立男生和女生的两个队列
    Queue maleDancers, femaleDancers;
    Person p;
    char blankseparator;
    //存放舞伴情况的输入文件
    ifstream fin;
    //打开文件并确认该文件存在
    fin.open("dance.dat");
    if (! fin)
    {
        cerr << "Unable to open file" << endl;
        exit (1);
    }
    //读入包含性别、姓名的输入行
    while(fin.get(p.sex))//文件结束时终止
```

```cpp
{
    fin.get(blankseparator);//过滤空格
    fin.getline(p.name,20,'\n');
    //插入到相应队列
    if (p.sex == 'F')
        femaleDancers.QInsert(p);
    else
        maleDancers.QInsert(p);
}
//从两队列中取舞伴配对,直到其中一个队列为空
cout << "The dancing partners are: " << endl << endl;
while (! femaleDancers.QEmpty && ! maleDancers.QEmpty)
{
    p = femaleDancers.QDelete;
    cout << p.name << "    ";//输出女生姓名
    p = maleDancers.QDelete;
    cout << p.name << endl;//输出男生姓名
}
cout << endl;
//若任一队列中还有没选上的舞伴,输出剩下舞伴人数及第一个人的姓名
if (! femaleDancers.QEmpty)
{
    cout<< "There are "<< femaleDancers.QLength;
    cout<<" women waiting for the next round." << endl;
    cout << femaleDancers.QFront.name
         << " will be the first to get a partner." << endl;
}
else if (! maleDancers.QEmpty)
{
    cout << "There are " << maleDancers.QLength;
    cout<< " men waiting for the next round." << endl;
    cout << maleDancers.QFront.name
         << " will be the first to get a partner." << endl;
}
}
```

运行结果:

```
C:\WINDOWS\system32\cmd.exe
The dancing partners are:

Jane Andrews    George Thompson
Sandra Williams  Bill Brooks
Shirley Granley  Bob Carlson
Louise Sanderson  Dave Evans
Roberta Edwards  Harold Brown

There are 2 men waiting for the next round.
Dan Gromley will be the first to get a partner.
请按任意键继续. . .
```

逻辑上来看是整个队列的头尾在移动,而实际上是通过使数组的下标指向该指针的位置,这样在逻辑上就形成了一个环形队列。当建立一个对象,且该对象含有许多元素时,应该在主程序或其他程序中设置录入数据的地方,一般来自于文件。

[例4-4-2] 基数排序。基数排序是通过"分配"和"收集"过程实现排序的,是一种借助于多关键字排序的思想对单关键字进行排序的方法。一般地,记录 $R[i]$ 的关键字 $R[i]$.key 是由 d 位数字组成,即 $kd-1,kd-2,\cdots,k0$,每一个数字表示关键字的一位,其中 $kd-1$ 为最高位,$k0$ 是最低位,每一位的值都在 $0 \leqslant ki < r$ 范围内,其中 r 称为基数。

基数排序有两种:最低位优先和最高位优先。

最低位优先的过程是:先按最低位的值对记录进行排序,在此基础上,再按次低位进行排序,依此类推。由低位向高位,每趟都是根据关键字的一位并在前一趟的基础上对所有记录进行排序,直至最高位,则完成了基数排序的整个过程。

以 r 为基数的最低位优先排序的过程是:假设线性表由节点序列 $a0,a1,\cdots,an-1$ 构成,每个节点 aj 的关键字由 d 元组 $(k,k,\cdots,k,k)$ 组成,其中 $0 \leqslant k \leqslant r-1(0 \leqslant j < n, 0 \leqslant i \leqslant d-1)$。在排序过程中,使用 r 个队列 $Q0,Q1,\cdots,Qr-1$。排序过程如下:对 $i=0,1,\cdots,d-1$,依次做一次"分配"和"收集"(其实就是一次稳定的排序过程)。

分配:开始时,把 $Q0,Q1,\cdots,Qr-1$ 各个队列置成空队列,然后依次考察线性表中的每一个节点 $aj(j=0,1,\cdots,n-1)$,如果 aj 的关键字 $k=k$,就把 aj 放进 Qk 队列中。

收集:把 $Q0,Q1,\cdots,Qr-1$ 各个队列中的节点依次首尾相接,得到新的节点序列,从而组成新的线性表。

基数排序要借助于队列来实现。由 random 对象随机生成 50 个 100 以内的整数,按基数排序方法对这 50 个数进行排序,每 10 个数一行输出排序的结果。完整的程序如下(见 prg4_4_2.cpp):

```
#include <iostream>
using namespace std;
typedef int DataType;//数据类型为整型
#include "aqueue.h"
//自定义类型区分一个数的个位数和十位数
enum DigitKind {ones,tens};
//将数组中的数放入10个下标从0~9的队列之一,用户定义的类型DigitKind
//表明了这次分法根据的是个位数还是十位数
void Distribute(int L[],Queue digitQueue[],int n,DigitKind kind)
{
    int i;
    //循环处理n个元素的数组
    for (i = 0; i < n; i++)
        if (kind == ones)
            //按个位数插入相应队列中
            digitQueue[L[i] % 10].QInsert(L[i]);
        else
            //按十位数插入相应队列中
            digitQueue[L[i] / 10].QInsert(L[i]);
```

}
//从队列中取到元素并送回数组中
```cpp
void Collect(Queue digitQueue[], int L[])
{
    int i = 0, digit = 0;
    //按下标从 0~9 遍历队列数组
    for (digit = 0; digit < 10; digit++)
        //收集队列中元素并送回数组中
        while (! digitQueue[digit].QEmpty)
            L[i++] = digitQueue[digit].QDelete;
}
//遍历 n 元素数组并输出,每行输出 10 个数
void PrintArray(int L[],int n)
{
    int i = 0;
    while(i < n)
    {
        cout.width(5);//输出 5 个空格
        cout << L[i];//输出相应元素
        if (++i % 10 == 0)//每 10 个数后换行
            cout << endl;
    }
    cout << endl;
}
void main()
{
    Queue digitQueue[10];//用来暂存数据的 10 个队列
    int L[50];             //50 个整数的数组
    int i = 0;
    //用 50 个在 0~99 范围中的随机数初始化数组
    for (i = 0; i < 50; i++)
        L[i] = rand%100;
    //将它们按个位数分到 10 个队列中,收集回来后并输出
    Distribute(L, digitQueue, 50, ones);
    Collect(digitQueue, L);
    PrintArray(L,50);
    //将它们按十位数分到 10 个队列中,收集回来后打印排好序的数组
    Distribute(L,digitQueue, 50, tens);
    Collect(digitQueue,L);
    PrintArray(L,50);
}
```

运行结果：

```
C:\WINDOWS\system32\cmd.exe                    —    □    ×
 0   41   81   61   91   91   21   71   11   41
11   62   42    2   92   82   12   22   53    3
33   73   53   34   24   64    4   94   64    5
45   95   95   35   36   16   26   67   27   27
47   67   78   58   18   38   68   69   69   99

 0    2    3    4    5   11   11   12   16   18
21   22   24   26   27   27   33   34   35   36
38   41   41   42   45   47   53   53   58   61
62   64   64   67   67   68   69   69   71   73
78   81   82   91   91   92   94   95   95   99

请按任意键继续. . .
```

程序只用了 10 个元素的队列数组，个位排好后再写回原数组，删一个、写一个。第二轮，将原队列清空，故又可以再次写入按 10 位排的数了。

习　　题

1. 单项选择题。

(1) 下面关于线性表的叙述错误的是(　　)。
A. 线性表采用顺序存储必须占用一片连续的存储空间
B. 线性表采用链式存储不必占用一片连续的存储空间
C. 线性表采用链式存储便于插入和删除操作的实现
D. 线性表采用顺序存储便于插入和删除操作的实现

(2) 设顺序线性表中有 n 个数据元素，则删除表中第 i 个元素需要移动(　　)个元素。
A. $n-i$　　　　B. $n+1-i$　　　　C. $n-1-i$　　　　D. i

(3) 利用直接插入排序法的思想建立一个有序线性表的时间复杂度为(　　)。
A. $O(n)$　　　　B. $O(n\log_2 n)$　　　　C. $O(n^2)$　　　　D. $O(\log_2 n)$

(4) 设顺序表的长度为 n，则顺序查找的平均比较次数为(　　)。
A. n　　　　B. $n/2$　　　　C. $(n+1)/2$　　　　D. $(n-1)/2$

(5) 设有序顺序表中有 n 个数据元素，则利用二分查找法查找数据元素 X 的最多比较次数不超过(　　)。
A. $\log_2 n+1$　　　　B. $\log_2 n-1$　　　　C. $\log_2 n$　　　　D. $\log_2(n+1)$

(6) 设一组初始记录关键字序列为(13,18,24,35,47,50,62,83,90,115,134)，则利用二分法查找关键字 90 需要比较的关键字个数为(　　)。
A. 1　　　　B. 2　　　　C. 3　　　　D. 4

(7) 若有 18 个元素的有序表存放在一维数组 A[19]中，第一个元素放 A[1]中，现进行二分查找，则查找 A[3]的比较序列的下标依次为(　　)。
A. 1,2,3　　　　B. 9,5,2,3　　　　C. 9,5,3　　　　D. 9,4,2,3

(8) 设输入序列是 1,2,3,…,n，经过栈的作用后输出序列的第一个元素是 n，则输出序列中第 i 个输出元素是(　　)。

A. $n-i$　　　　　B. $n-1-i$　　　　C. $n+1-i$　　　　D. 不能确定

(9)设输入序列为1,2,3,4,5,6,则通过栈的作用后可以得到的输出序列为(　)。

A. 5,3,4,6,1,2　　　　　　　　　B. 3,2,5,6,4,1

C. 3,1,2,5,4,6　　　　　　　　　D. 1,5,4,6,2,3

(10)队列是一种(　)的线性表。

A. 先进先出　　B. 先进后出　　C. 只能插入　　D. 只能删除

(11)栈和队列的共同特点是(　)。

A. 只允许在端点处插入和删除元素

B. 都是先进后出

C. 都是先进先出

D. 没有共同点

2. 说明线性与非线性结构的区别,并各举一例。

3. 说明下列情况下应使用哪种数据结构。

(1)在一整数表中第5个元素存放数的绝对值;

(2)按学生姓名的字母顺序逐个输出其成绩;

(3)遇到算术运算符时,删除此前的两个数;

(4)模拟队列,事件被逐个加入并按其插入顺序删除;

(5)为以后使用,将程序永久保留在外部设备上;

(6)最小元素总是处于表的顶部;

(7)表达式求值;

(8)操作系统作业调度;

(9)按逆序打印表。

4. 假设一个 SeqList 的对象 L 包含元素:34,11,22,16,40。

(1)给出经过下面每条指令后表中的元素。

　　n=L.DeleteFront();

　　L.Insert(n);

　　if(L.Find(L.GetData(0)*2))

　　　　L.Delete(16);

(2)对于对象,给出下面程序段的输出。

　　for(int i=0;i<5;i++)

　　{

　　　　L.Insert(L.DeleteFront());

　　　　cout<<L.GetData(i)<<" ";

　　}

5. 编写函数实现下述任务:

(1)将 SeqList 的对象 L 连到对象 K 的尾部。

　　void Concatenate(SeqList& K, SeqList& L);

(2)将 SeqList 的对象 L 的元素顺序反转。

　　void Reverse(SeqList& L);

6. 设有一组初始记录关键字序列(K1,K2,…,Kn),要求设计一个算法,使其能够在 O

(n)的时间复杂度内将线性表划分成两部分,其中左半部分的每个关键字均小于 Ki,右半部分的每个关键字均大于等于 Ki。

7. 设计在顺序有序表中实现二分查找的算法。

8. 设计将所有奇数移到所有偶数之前的算法。

9. 说明在以数组实现的类 SeqList 中实现 Delete 操作时,为什么必须移动数据?

10. 找出所有合适的答案。"栈"结构实现的是＿＿＿＿,"队列"结构实现的是＿＿＿＿。

  A. 先进/后出 B. 后进/先出 C. 先来/先服务
  D. 先进/先出 E. 后进/后出

11. 以下栈操作的输出是什么?(DataType=int)

```
Stack S;
int x=5,y=3;
S.Push(8);
S.Push(9);
S.Push(y);
x=S.Pop();
S.Push(18);
x=S.Pop();
S.Push(22);
while(! S.StackEmpty())
{
    y=S.Pop();
    cout<<y<<endl;
}
cout<<x<<endl;
```

12. 下面程序段的功能是实现数据 x 进栈,要求在下画线处填上正确的语句。

```
typedef struct {int s[100]; int top;} sqstack;
void push(sqstack & stack,int x)
{
    if (stack.top==m-1)
        printf("overflow");
    else
    {_____;
     _____;}
}
```

13. 利用"栈"编写程序,将中缀表达式转换为后缀式,并画图示意其执行过程。

(1) a+b*c

(2) (a+b)/(d-e)

(3) (b2-4*a*c)/(2*a)

14. 编写函数实现压栈(void Push(const DataType& item);),并说明为什么用常引用传递 item 这一点很关键。

15. 往数组中读入 10 个整数，并逐个压入栈。打印原始表并通过弹出元素的方法打印栈内容。（注意观察程序输出结果）

16. 以下队列操作的输出是什么？（DataType＝int）

    Queue Q;
    int x＝5,y＝3;
    Q.QInsert(8);
    Q.QInsert (9);
    Q.QInsert (y);
    x＝ Q.QDelete();
    Q.QInsert (18);
    x＝ Q.QDelete();
    Q.QInsert (22);
    while(! Q.QEmpty())
    {
        y＝ Q.QDelete();
        cout<<y<<endl;
    }
    cout<<x<<endl;

17. 假设优先级队列中包含整数值，用小于运算符"＜"定义优先级次序。当前表中包含下列元素：45、15、50、25、65、30。通过跟踪 Pqueue 类中的 PQDelete 和 PQInsert 方法，描述下列各条指令执行以后表的内容。

    （1）Item＝pq.PQDelete()　　Item＝List;
    （2）pq.PQInsert(20)　　　　List;
    （3）Item＝pq.PQDelete()　　Item＝List;
    （4）Item＝pq.PQDelete()　　Item＝List;

18. 改写 PQDelete 例程，保证具有同一优先级的数据项先进先出。

19. 读取一行文本，将所有非空格字符放到队列和栈中，检测文本是否为回文。

20. 假设银行对每个柜员都单独设立客户队列。当客户到达时，总是选择最短队列（不考虑柜员的工作负荷）。修改银行排队程序，求出客户的平均等待时间以及每个柜员的工作量。

第 5 章 运算符重载、友元函数及模板类

前面章节中的几个类中的数据成员的数据类型都是 DataType，在使用这些类之前，用户必须用 typedef 将 DataType 和指定的类等同起来。这样，就将用户限定在只能对一个类使用一种数据类型上，在同一程序中不能同时使用整数栈和记录栈。为打破使用 DataType 的局限性，应将数据类型和对象而不是程序绑在一起。例如：

  SeqList <int> A； //整数表
  Stack<float >B；//实数栈
  Queue<CL> C； //CL 对象的队列

C++使用模板定向提供了这种功能，允许为函数和类设置通用类型的参数。对类使用模板可以让定义存放不同数据类型的对象，对函数使用模板可以在运行时以不同类型的参数对形式参数进行两次或更多次的调用，模板提供了强大的概括功能。本章先介绍模板函数，然后将概念扩展到模板类，并用模板类重写了类 Stack。

C++运行时的多态性主要是通过虚函数实现的，而编译时的多态性是由函数重载和运算符重载实现的。本章主要讲解 C++有关运算符重载方面的内容。运算符重载的基础就是运算符重载函数。

5.1 函数重载的概念

5.1.1 重载的起源

在自然语言中，一个词可以包含许多不同的含义，即该词被重载了。人们可以通过上下文判断该词到底是哪种含义。词的重载可以使语言更加简练。例如"吃饭"的含义十分广泛，人们没有必要每次非得说清楚具体吃什么不可。在 C++程序中，可以将语义、功能相似的几个函数用同一个名字表示，即函数重载，这样便于记忆，提高了函数的易用性，这是 C++语言采用重载机制的一个理由。如例 5-1-1 中的函数 EatBeef，EatFish，EatChicken 可以用同一个函数名 Eat 表示，并用不同类型的参数加以区别。

［例 5-1-1］ 函数重载示例。
    void EatBeef(…)；//可以改为 void Eat(Beef …)；
    void EatFish(…)；//可以改为 void Eat(Fish …)；
    void EatChicken(…)；//可以改为 void Eat(Chicken …)；

C++语言采用重载机制的另一个理由是类的构造函数需要重载机制。因为 C++规定

构造函数与类同名,构造函数只能有一个名字。如果想用几种不同的方法创建对象该怎么办？别无选择,只能用重载机制来实现。所以类可以有多个同名的构造函数。

5.1.2 重载是如何实现的？

几个同名的重载函数仍然是不同的函数,它们是如何区分的呢？自然想到函数接口的两个要素:参数与返回值。如果同名函数的参数不同(包括类型、顺序不同),那么很容易区分它们是不同的函数。而如果同名函数仅仅是返回值类型不同,那么有时可以区分,有时却不能。例如：

```
void Function(void);
int  Function(void);
```

上述两个函数,第一个没有返回值,第二个的返回值是 int 类型。如果这样调用函数：

```
int  x = Function;
```

则可以判断出 Function 是第二个函数。问题是在 C++/C 程序中,可以忽略函数的返回值。在这种情况下,编译器和程序员都不知道哪个 Function 函数被调用,因此只能靠参数的不同来区分重载函数。编译器根据参数为每个重载函数产生不同的内部标识符。例如,编译器为例 5-1-1 中的三个 Eat 函数产生像_eat_beef,_eat_fish,_eat_chicken 之类的内部标识符(不同的编译器可能产生不同风格的内部标识符)。

注意:并不是两个函数的名字相同就能构成重载。全局函数和类的成员函数同名不算重载,因为函数的作用域不同。例如：

```
void Print(…);//全局函数
class A
{…
    void Print(…);//成员函数
}
```

不论两个 Print 函数的参数是否相同,如果类的某个成员函数要调用全局函数 Print,为了与成员函数 Print 有所区别,全局函数被调用时应加"::"标志。如：

```
::Print(…);//表示 Print 是全局函数而非成员函数
```

5.1.3 当心隐式类型转换导致重载函数产生二义性

[示例 5-1-2] 第一个 output 函数的参数是 int 类型,第二个 output 函数的参数是 float 类型。由于数字本身没有类型,将数字当作参数时将自动进行类型转换(称为隐式类型转换)。语句 output(0.5)将产生编译错误,因为编译器不知道该将 0.5 转换成 int 还是 float 类型的参数。隐式类型转换在很多地方可以简化程序的书写,但是也可能埋下隐患。

```
#include <iostream>
using namespace std;
void output( int x);//函数声明
void output( float x);//函数声明
void output( int x)
{
    cout << " output int " << x << endl ;
```

```cpp
}
void output( float x)
{
    cout << " output float " << x << endl ;
}
void main()
{
    int    x = 1;
    float y = 1.0;
    output(x);//output int 1
    output(y);//output float 1
    output(1);//output int 1
    //output(0.5);//error! ambiguous call,因为自动类型转换
    output(int(0.5));    //output int 0
    output(float(0.5));//output float 0.5
}
```

5.2 成员函数的重载、覆盖与隐藏

成员函数的重载、覆盖与隐藏很容易混淆,读者必须要搞清楚概念,否则错误将防不胜防。

5.2.1 重载与覆盖

成员函数被重载的特征:①相同的范围(在同一个类中);②函数名字相同;③参数不同;④virtual 关键字可有可无。

覆盖是指派生类函数覆盖基类函数,特征是:①不同的范围(分别位于派生类与基类);②函数名字相同;③参数相同;④基类函数必须包括 virtual 关键字。

[例 5 - 2 - 1] 函数 Base::f(int)与 Base::f(float)相互重载,而 Base::g(void)被 Derived::g(void)覆盖,完整程序见 prg5_2_1.cpp。

```cpp
#include <iostream>
using namespace std;
class Base
{
    public:
        void f(int x){ cout << "Base::f(int) " << x << endl; }
        void f(float x){ cout << "Base::f(float) " << x << endl; }
        virtual void g(void){ cout << "Base::g(void)" << endl;}
};
class Derived : public Base
{
    public:
        virtual void g(void){ cout << "Derived::g(void)" << endl;}
};
```

第 5 章 运算符重载、友元函数及模板类

```
void main()
{
    Derived  d;
    Base * pb = &d;
    pb->f(42);//Base::f(int) 42
    pb->f(3.14f);      //Base::f(float) 3.14
    pb->g;//Derived::g(void)
}
```

运行结果：

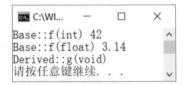

5.2.2 令人迷惑的隐藏规则

仅仅区别重载与覆盖并不算困难，但是 C++ 的隐藏规则使问题的复杂程度陡然增加。"隐藏"是指派生类的函数屏蔽了与其同名的基类函数，其规则如下。

(1) 如果派生类的函数与基类的函数同名，但是参数不同，此时，不论有无 virtual 关键字，基类的函数都将被隐藏（注意别与重载混淆）。

(2) 如果派生类的函数与基类的函数同名，并且参数也相同，但是基类函数没有 virtual 关键字。此时，基类的函数被隐藏（注意别与覆盖混淆）。

以下程序中：

(1) 函数 Derived::f(float)覆盖了 Base::f(float)。

(2) 函数 Derived::g(int)隐藏了 Base::g(float)，不是重载。

(3) 函数 Derived::h(float)隐藏了 Base::h(float)，不是覆盖。

```
class Base
{
    public:
        virtual void f(float x){ cout << "Base::f(float) " << x << endl; }
        void g(float x){ cout << "Base::g(float) " << x << endl; }
        void h(float x){ cout << "Base::h(float) " << x << endl; }
};
class Derived : public Base
{
    public:
        virtual void f(float x){ cout << "Derived::f(float) " << x << endl; }
        void g(int x){ cout << "Derived::g(int) " << x << endl; }
        void h(float x){ cout << "Derived::h(float) " << x << endl; }
};
```

据笔者考察，很多 C++ 程序员没有意识到有"隐藏"这回事。由于认识不够深刻，常常产

生令人迷惑的结果。

[例5-2-2] 本例中bp和dp指向同一地址,按理说运行结果应该是相同的,可事实并非如此。完整程序请见prg5_2_2.cpp。

```cpp
#include <iostream>
using namespace std;
class Base
{
    public:
        virtual void f(float x){ cout << "Base::f(float) " << x << endl; }
        void g(float x){ cout << "Base::g(float) " << x << endl; }
        void h(float x){ cout << "Base::h(float) " << x << endl; }
};
class Derived : public Base
{
    public:
        virtual void f(float x){ cout << "Derived::f(float) " << x << endl; }
        void g(int x){ cout << "Derived::g(int) " << x << endl; }
        void h(float x){ cout << "Derived::h(float) " << x << endl; }
};
void main()
{
    Derived  d;
    Base  * pb = &d;
    Derived * pd = &d;
    pb->f(3.14f);    //Derived::f(float) 3.14
    pd->f(3.14f);    //Derived::f(float) 3.14
    pb->g(3.14f);    //Base::g(float) 3.14
    pd->g(3.14f);    //Derived::g(int) 3
    pb->h(3.14f);    //Base::h(float) 3.14
    pd->h(3.14f);    //Derived::h(float) 3.14
}
```

运行结果：

```
Derived::f(float) 3.14
Derived::f(float) 3.14
Base::g(float) 3.14
Derived::g(int) 3
Base::h(float) 3.14
Derived::h(float) 3.14
请按任意键继续...
```

5.2.3 摆脱隐藏

[例5-2-3] 程序中,语句pd->f(10)的本意是想调用函数Base::f(int),但是Base::

f(int)被 Derived::f(char *)隐藏了。由于数字 10 不能被隐式地转化为字符串,所以在编译时出错。

```
class Base
{
    public:
        void f(int x);
};
class Derived : public Base
{
    public:
        void f(char * str);
};
void Test(void)
{
    Derived * pd = new Derived;
    pd->f(10);//error
}
```

从示例 5-2-3 看来,隐藏规则似乎很愚蠢,但是隐藏规则至少有两个存在的理由。

(1)编写语句 pd->f(10)的人可能真的想调用 Derived::f(char *)函数,只是他误将参数写错了。有了隐藏规则,编译器就可以明确指出错误,这未必不是好事。否则,编译器会将错就错,程序员将很难发现这个错误,埋下祸根。

(2)假如类 Derived 有多个基类(多重继承),有时搞不清楚哪些基类定义了函数 f。如果没有隐藏规则,那么 pd->f(10)可能会调用一个出乎意料的基类函数 f。尽管隐藏规则看起来不怎么有道理,但它的确能避免这些意外。

例 5-2-3 中,如果语句 pd->f(10)一定要调用函数 Base::f(int),那么将类 Derived 修改为如下即可。

```
class Derived : public Base
{
    public:
        void f(char * str);
        void f(int x) { Base::f(x); }
};
```

5.3 参数的缺省值

有一些参数的值在每次函数调用时都相同,书写这样的语句会使程序冗长。C++语言采用参数的缺省值使书写变得简洁(在编译时,缺省值由编译器自动插入)。

参数缺省值的使用规则如下。

规则 1:参数缺省值只能出现在函数的声明中,而不能出现在定义体中。

例如:

```
void Foo(int x=0, int y=0);        //正确,缺省值出现在函数的声明中
```

```
            void Foo(int x=0, int y=0)//错误,缺省值出现在函数的定义体中
            {
                ...
            }
```

为什么会这样？有两个原因：一是函数的实现（定义）本来就与参数是否有缺省值无关,所以没有必要让缺省值出现在函数的定义体中。二是参数的缺省值可能会被改动,显然修改函数的声明比修改函数的定义要方便。

规则2：如果函数有多个参数,参数只能从后向前依次缺省。

正确的示例如下：

```
            void Foo(int x, int y=0, int z=0);
```

错误的示例如下：

```
            void Foo(int x=0, int y, int z=0);
```

要注意,使用参数的缺省值并没有赋予函数新的功能,仅仅是使书写变得简洁一些。它可能会提高函数的易用性,但是也可能会降低函数的可理解性。因此只能适当地使用参数的缺省值,要防止使用不当产生负面效果。

[例5-3-2] 不合理地使用参数的缺省值将导致重载函数output产生二义性。

```
        #include <iostream>
        using namespace std;
        void output( int x);
        void output( int x, float y=0.0);
        void output( int x)
        {
            cout << " output int " << x << endl ;
        }
        void output( int x, float y)
        {
            cout << " output int " << x << " and float " << y << endl ;
        }
        void main()
        {
            int x=1;
            float y=0.5;
            //output(x);//error! ambiguous call
            output(x,y);        //output int 1 and float 0.5
        }
```

5.4 静态成员与友元

如果一个类有多个对象,那么每个对象分别有自己的数据成员,不同对象的数据成员互不相干,各自独立。但是有时候希望一个或几个数据成员被所有对象所共享,于是C++就提出了静态成员的概念。静态成员包括静态数据成员和静态成员函数。也许有人会问,把多个对

象要共享的数据声明为全局变量不就行了吗？的确是，共享的目的是达到了，但是使用全局变量会带来不安全性，且与面向对象的封装性特征相矛盾。

在类中静态数据成员用关键字 static 来说明，格式如下。

  static 数据类型 数据成员名；

［例 5-4-1］ 静态数据成员示例（完整程序见 prg5_4_1.cpp）。

```
#include<iostream>
#include<string>
class Employee
{
    private:
        std::string id;
        std::string name;
        double salary;
        static int count;  //静态成员变量
    public:
        Employee(std::string id,std::string name,double salary);
        void showEmployee();
        void showEmployeeCount();
};
Employee::Employee(std::string id,std::string name,double salary):
                   id(id),name(name),salary(salary)
{
    ++count;
}
void Employee::showEmployee()
{
    std::cout<<"编号："<<this->id<<std::endl;
    std::cout<<"姓名："<<this->name<<std::endl;
    std::cout<<"薪水："<<this->salary<<std::endl;
    std::cout<<"--------------------------------"<<std::endl;
}
void Employee::showEmployeeCount()
{
    std::cout<<"雇员总数："<<this->count<<std::endl;
    std::cout<<"********************************"<<std::endl;
}
int Employee::count=0;
void main()
{
    Employee employee[3]={Employee("0001","aaa",6000),
                          Employee("0002","bbb",7000),
                          Employee("0003","ccc",10000)};
    Employee *emp=employee;    //给对象指针赋值(值为对象数组首地址)
```

```
        for(int i=0;i<3;i++)
        {
            employee[i].showEmployee();
        }
        employee->showEmployeeCount();//输出雇员个数
        for(int i=0;i<3;i++)
        {
            //emp++对象指针加1,指向下一个对象数组元素的地址
            (emp++)->showEmployee();
        }
        emp->showEmployeeCount();//输出雇员个数
    }
```

运行结果：

在上述实例中,尽管静态数据成员只涉及雇员人数cout,但须补充几个注意点:①静态数据成员的初始化与普通成员的初始化不同,静态数据成员初始化应该是在类外单独进行,而且应在定义对象之前进行,如int Employee::count=0前面不需要加static,当没有给其赋初值时,系统将自动赋予初值0;②静态数据成员属于类,而不像普通成员属于对象,因此可以用"类名::"访问静态数据成员;③静态数据成员在对象定义之前就存在,公有的静态数据成员可在对象定义之前被访问。

同样,还是用static来说明成员函数为静态成员函数。静态成员函数也属于类,它主要是用来处理静态数据成员。格式如下。

　　static 返回类型 静态成员函数名(参数表);

第 5 章 运算符重载、友元函数及模板类

将例 5-4-1 稍加改动,在成员函数 void showEmployeeCount 前加上 static,再把该函数实现部分的 this-> 去掉。更改代码如例 5-4-2 所示。

[例 5-4-2] 完整程序见 prg5_4_2.cpp:

```
#include<iostream>
#include<string>
class Employee
{
    private:
        std::string id;
        std::string name;
        double salary;
        static int count;//静态成员变量
    public:
        Employee(std::string id,std::string name,double salary);
        static void showSalary(Employee &emp);
        static void showEmployeeCount();//静态成员函数
};
Employee::Employee(std::string id,std::string name,double salary):
                    id(id),name(name),salary(salary)
{
    ++count;
}
void Employee::showEmployeeCount()
{
    std::cout<<"雇员总数:"<<count<<std::endl;//把 this->count 改为 count
    std::cout<<"*****************************************"<<std::endl;
}
void Employee::showSalary(Employee &emp)
{
    std::cout<<"姓名:"<<emp.name<<std::endl;
    std::cout<<"薪水:"<<emp.salary<<std::endl;
    std::cout<<"---------------------------------"<<std::endl;
}
int Employee::count=0;
void main()
{
    Employee employee[3]={Employee("0001","aaa",6000),
                          Employee("0002","bbb",7000),
                          Employee("0003","ccc",10000)};
    Employee *emp=employee;      //给对象指针赋值(值为对象数组首地址)
    for(int i=0;i<3;i++)
    {
```

```
            employee[i].showSalary(employee[i]);
            //或 Employee::showSalary(employee[i]);
        }
        employee->showEmployeeCount();//输出雇员个数
        for(int i=0;i<3;i++)
        {
            (emp++)->showSalary(employee[i]);
            //或 Employee::showSalary(employee[i]);
        }
        emp->showEmployeeCount();//输出雇员个数
    }
```

运行结果：

当在成员函数 void showEmployeeCount 前加上 static，就需要把该函数实现部分的 this->去掉（不去掉，错误提示"this"只能用于非静态成员函数内部）。为什么呢？其实静态成员函数和非静态成员函数最重要的区别在于前者没有 this 指针而后者有。因为静态成员函数是属于类的，而不属于对象。

类体现了数据的隐藏性和封装性，类的私有成员只能在类定义的范围内使用，也就是私有成员只能由成员函数来访问。那么在不放弃私有成员数据安全的情况下，如何使普通函数或类中的成员函数来访问封装于某一类中的私有、公有或保护信息呢？C++中用友元（friend）实现这个目标。C++中的友元包括友元函数和友元类，而友元函数又分为友元非成员函数和友元成员函数。

[例 5-4-3] 友元非成员函数（完整程序见 prg5_4_3.cpp）：
```
#include<iostream>
#include<string>
```

```cpp
class Employee
{
   private：
      std::string id；
      std::string name；
      double salary；
      static int count；//静态成员变量
   public：
      Employee(std::string id,std::string name,double salary)；
      friend void showEmployee(Employee &emp)；//友元非成员函数
      static void showEmployeeCount()；//静态成员函数
}；
Employee::Employee(std::string id,std::string name,double salary)：
                  id(id),name(name),salary(salary)
{
   ++count；
}
void showEmployee(Employee &emp)
{
   std::cout<<"编号:"<<emp.id<<std::endl；//可访问私有成员变量id
   std::cout<<"姓名:"<<emp.name<<std::endl；//可访问私有成员变量name
   std::cout<<"薪水:"<<emp.salary<<std::endl；//可访问私有成员变量salary
   std::cout<<"－－－－－－－－－－－－－－－－－－－－"<<std::endl；
}
void Employee::showEmployeeCount()
{
   std::cout<<"雇员总数:"<<count<<std::endl；//把 this->count 改为 count
   std::cout<<"* * * * * * * * * * * * * * * * * * * *"<<std::endl；
}
int Employee::count=0；
void main()
{
   Employee employee[3]={Employee("0001","aaa",6000),
                        Employee("0002","bbb",7000),
                        Employee("0003","ccc",10000)}；
   for(int i=0;i<3;i++)
   {
      showEmployee(employee[i])；//友元非成员函数调用
   }
   employee->showEmployeeCount()；//输出雇员个数
}
```

运行结果：

在类中声明友元函数,要在其函数名前加关键字 friend。友元函数的定义可以放在类内部,也可以定义在外部;如果把上述代码中的 friend 关键字去掉,那么对对象 employee[i]的私有数据访问是非法的。该友元函数为非成员函数,那么在定义该函数时不用在前面加"类名::",同样地,它也没有所谓的 this 指针。

友元成员函数不仅可以访问自己所在类对象中的私有、公有或保护成员,也可以访问 friend 声明语句所在的类对象中的所有成员,这样就实现了类与类之间的协作。

[例 5-4-4] 友元成员函数(完整程序见 prg5_4_4.cpp):

```
#include<iostream>
#include<string>
class Salary;    //对 Salary 类的提前引用声明
class Employee
{
    private:
        std::string id;
        std::string name;
        double salary;
        static int count;   //静态成员变量
    public:
        Employee(std::string id,std::string name);
        void showEmployee(Salary &sal);//成员函数
        static void showEmployeeCount();//静态成员函数
};
Employee::Employee(std::string id,std::string name):id(id),name(name)
{
    ++count;
}
void Employee::showEmployeeCount()
```

```cpp
    {
        std::cout<<"雇员总数:"<<count<<std::endl;//把 this->count 改为 count
        std::cout<<"* * * * * * * * * * * * * * * * * * * * * * * * * * *"<<std::endl;
    }
    int Employee::count=0;
    class Salary
    {
        private:
            double wage;//工资
            double bonus;//奖金
            double commission;//提成
            double allowance;//津贴
            double subsidy;//补贴
        public:
            Salary(double wage,double bonus,double commission,double allowance,
                double subsidy);
            //是类 Salary 的友元函数,也是 Employee 类的成员函数
            friend void Employee::showEmployee(Salary &sal);
    };
    Salary::Salary(double wage,double bonus,double commission,double allowance, double subsidy):
    wage(wage),bonus(bonus),commission(commission), allowance(allowance), subsidy(subsidy)
    {    }
    void Employee::showEmployee(Salary &sal)
    {
        std::cout<<"编号:"<<id<<std::endl; //可访问本类中的私有变量 id,name
        std::cout<<"姓名:"<<name<<std::endl;
        std::cout<<"薪水:"<<std::endl;
        //可访问薪水类里私有成员变量 wage,bonus 等
        std::cout<<"工资:"<<sal.wage<<std::endl;
        std::cout<<"奖金:"<<sal.bonus<<std::endl;
        std::cout<<"提成:"<<sal.commission<<std::endl;
        std::cout<<"补贴:"<<sal.subsidy<<std::endl;
        std::cout<<"津贴:"<<sal.allowance<<std::endl;
        salary=sal.allowance+sal.bonus+sal.commission+sal.subsidy+sal.wage;
        std::cout<<"薪水总数:"<<salary<<std::endl;
        std::cout<<"------------------------------"<<std::endl;
    }
    void main()
    {
        Employee employee[3]={Employee("0001","aaa"),
                              Employee("0002","bbb"),
```

```
                        Employee("0003","ccc")};
        Salary salary[3]={    Salary(3000,3000,0,200,100),
                              Salary(3000,4000,0,200,0),
                              Salary(4000,6000,0,0,0)};
        Employee *emp=employee;    //给对象指针赋值(值为对象数组首地址)
        for(int i=0;i<3;i++)
        {
            (emp++)->showEmployee(salary[i]);//友元成员函数调用
        }
        emp->showEmployeeCount();//输出雇员个数
    }
```

运行结果：

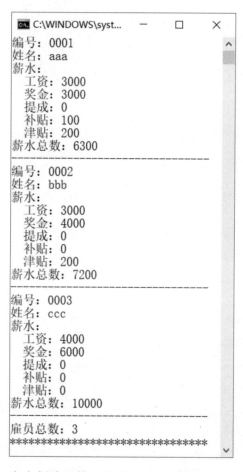

在实例代码第 3 行中，Salary 提前引用声明，因为函数 showEmployee(Salary &sal)中的参数要用到，而定义可以推迟。

除了友元函数，还有友元类。如果一个类被说明为另一个类的友元类，那么这个类的所有成员函数都将成为另一个类的友元函数。比如可以把例 5-4-4 中的 Salary 的友元函数改为 friend Employee;运行结果和例 5-4-4 一样。

友元关系是单向的，不具有交换性，也不具有传递性。比如，类 A 为类 B 的友元类，类 B

第 5 章 运算符重载、友元函数及模板类

为类 C 的友元类,并不代表类 A 为类 C 的友元类。是不是友元类要看其类 A 有没有在类 C 中声明。

私有的数据就像是一堵不透明、封闭的墙,而友元就是在这堵墙上开了个小孔,外界可以通过这个小孔来窥视类中的秘密。

5.5 运算符重载

在解决一些实际的问题时,往往需要用户自定义数据类型。比如数学里所提到的复数。

```
class Complex  //复数类
{
    public:
        double real;//实数
        double imag;//虚数
        Complex(double real=0,double imag=0)
        {
            this->real=real;
            this->imag=imag;
        }
}
```

假如建立两个复数,并用"+"运算符让它们直接相加。

(1)Complex com1(10,10),com2(20,20),sum;

(2) sum=com1+com2;

那么会提示没有与这些操作数匹配的"+"运算符的错误。这是因为 Complex 类型不是预定义类型,系统没用对该类型的数据进行加法运算符函数的重载。C++就为运算符重载提供了一种方法,即运算符重载函数。其函数名字规定为 operator 后紧跟重载运算符。比如:operator+,operator * 等。

[例 5-5-1] 实现加法运算符的重载函数,用于完成复数的加法运算(完整程序见 prg5_5_1.cpp)。

```
#include <iostream>
class Complex  //复数类
{
    public:
        double real;//实数
        double imag;//虚数
        Complex(double real=0,double imag=0)
        {
            this->real=real;
            this->imag=imag;
        }
};
Complex operator+(Complex com1,Complex com2)//运算符重载函数
```

```
        {
            return Complex(com1.real+com2.real,com1.imag+com2.imag);
        }
        void main()
        {
            Complex com1(10,10),com2(20,20),sum;
            sum=com1+com2;//或 sum=operator+(com1,com2)
            std::cout<<"sum 的实数部分为"<<sum.real<<std::endl;
            std::cout<<"sum 的虚数部分为"<<sum.imag<<"i"<<std::endl;
        }
```

运行结果：

在例 5-5-1 代码中，调用运算符重载函数时，也可以以 operator+(com1,com2)的形式来调用，实际上 com1+com2 在程序解释时也是转化成前者一样的形式。但是直接用 com1+com2 的形式更加符合人们的书写习惯。

例 5-5-1 中的运算符重载函数是不属于任何类的，是全局的函数。因为在 Complex 类（复数类）中的数据成员是公有的性质，所以运算符重载函数可以访问。但如果定义为私有的呢，那该怎么办？其实，在实际的运算符重载函数声明中，可定义其为要操作类的成员函数或类的友元函数。

1. 运算符重载函数作为类的友元函数的形式

```
        class 类名
        {
            friend 返回类型 operator 运算符(形参表);
        }
```

类外定义格式：

```
        返回类型 operator 运算符(参数表)
        {
            函数体
        }
```

友元函数重载双目运算符(有两个操作数，通常在运算符的左右两侧)，参数表中的个数为两个。若是重载单目运算符(只有一个操作数)，则参数表中只有一个参数。

[例 5-5-2] 友元函数重载双目运算符(+)(完整程序见 prg5_5_2.cpp)。

```
        #include <iostream>
        class Complex //复数类
        {
            private://私有
                double real;//实数
```

```cpp
        double imag;//虚数
    public:
        Complex(double real=0,double imag=0)
        {
            this->real=real;
            this->imag=imag;
        }
        //友元函数重载双目运算符(+)
        friend Complex operator+(Complex com1,Complex com2);
        void showSum();
};
Complex operator+(Complex com1,Complex com2)//友元运算符重载函数
{
    return Complex(com1.real+com2.real,com1.imag+com2.imag);
}
void Complex::showSum()
{
    std::cout<<real;
    if(imag>0)
        std::cout<<"+";
    if(imag!=0)
        std::cout<<imag<<"i"<<std::endl;
}
void main()
{
    Complex com1(10,10),com2(20,-20),sum;
    sum=com1+com2;//或 sum=operator+(com1,com2)
    sum.showSum();//输出复数相加结果
}
```

运行结果：

[例5-5-3] 友元函数重载单目运算符(++)(完整程序见 prg5_5_3.cpp)。

```cpp
#include <iostream>
class Point//坐标类
{
    private:
        int x;
        int y;
    public:
        Point(int x,int y)
```

```
    {
        this->x=x;
        this->y=y;
    }
    friend void operator++(Point& point);//友元函数重载单目运算符(++)
    void showPoint();
};
void operator++(Point& point)//友元运算符重载函数
{
    ++point.x;
    ++point.y;
}
void Point::showPoint
{
    std::cout<<"("<<x<<","<<y<<")"<<std::endl;
}
void main
{
    Point point(10,10);
    ++point;//或 operator++(point)
    point.showPoint();//输出坐标值
}
```

运行结果：

运算符重载函数可以返回任何类型，甚至是 void，但通常返回类型都与它所操作的类的类型一样，这样可以使运算符使用在复杂的表达式中。比如把例 5-5-2 双目运算符重载函数示例代码中 main 主函数里的 com1+com2 改为 com1+com2+com2，那么结果又会不一样了。像赋值运算符"="、下标运算符"[]"、函数调用运算符""等不能被定义为友元运算符重载函数。同一个运算符可以定义多个运算符重载函数来进行不同的操作。

2. 运算符重载函数作为类的成员函数的形式：

```
class 类名
{
    返回类型 operator 运算符(形参表);
}
```

类外定义格式：

```
返回类型 类名::operator 运算符(形参表)
{
    函数体;
}
```

对于成员函数重载运算符而言,双目运算符的参数表中仅有一个参数,而单目则无参数。同样是重载,为什么和友元函数在参数的个数上会有所区别呢?原因在于友元函数没有this指针。以例5-5-4为例,完整程序见 prg5_5_4.cpp。

[**例 5-5-4**] 运算符重载函数作为类的成员函数。

```cpp
#include <iostream>
class Complex //复数类
{
    private: //私有
        double real; //实数
        double imag; //虚数
    public:
        Complex(double real=0,double imag=0)
        {
            this->real=real;
            this->imag=imag;
        }
        Complex operator+(Complex com1); //成员函数重载双目运算符(+)
        void showSum();
};
Complex Complex::operator+(Complex com1)
{
    return Complex(real+com1.real,imag+com1.imag);
}
void Complex::showSum
{
    std::cout<<real;
    if(imag>0)         std::cout<<"+";
    if(imag!=0)        std::cout<<imag<<"i"<<std::endl;
}
void main()
{
    Complex com1(10,10),com2(20,-20),sum;
    sum=com1+com2; //或 sum=com1.operator+(com2)
    sum.showSum(); //输出复数相加结果
}
```

对于双目运算符而言,运算符重载函数的形参中仅为一个参数,它作为运算符的右操作数(如com2对象),而当前对象作为左操作数(如com1对象),它是通过this指针隐含传递给成员运算符重载函数的。对于单目运算符而言,当前对象作为运算符的操作数。

在运算符重载运用时应该注意以下几个问题:①C++中只能对已有的C++运算符进行重载,不允许用户自己定义新的运算符;②C++中绝大部分的运算符可重载,除了成员访问运算符、成员指针访问运算符、作用域运算符、长度运算符sizeof以及条件运算符;③重载后不能改变运算符的操作对象(操作数)的个数,比如"+"是实现两个操作数的运算符,重载后仍然为双目运算符;④重载不能改变运算符原有的优先级;⑤重载不能改变运算符原有结合的特性,比如 z=x/y*a,执行时是先做左结合的运算 x/y,重载后也是如此,不会变成先做右结合 y*a;⑥运算符重载不能全部是 C++中预定义的基本数据,这样做的目的是防止用户修改用于基本类型数据的运算符性质。

5.6 模　　板

有以下 3 个求加法的函数:
```
int Add(int x,int y)
{
    return x+y;
}
double Add(double x,double y)
{
    return x+y;
}
long Add(long x,long y)
{
    return x+y;
}
```

它们拥有同一个函数名和相同的函数体,却因为参数类型和返回值类型不一样,所以是 3 个完全不同的函数。即使它们是二元加法的重载函数,但是不得不为每一个函数编写一组函数体完全相同的代码。如果从这些函数中提炼出一个通用函数,而它又适用于多种不同类型的数据,就会使代码的重用率大大提高。C++的模板就可解决这样的问题。模板可以实现类型的参数化(把类型定义为参数),从而实现了真正的代码可重用性。C++中的模板可分为函数模板和类模板,而把函数模板的具体化称为模板函数,把类模板的具体化称为模板类。

1. 函数模板

函数模板就是建立一个通用的函数,其参数类型和返回值类型不具体指定,用一个虚拟的类型来代表。函数模板的声明格式如下。
```
template<typename 类型参数>
返回类型 函数名(模板形参表)
{
    函数体
}
```
或
```
template<class 类型参数>
返回类型 函数名(模板形参表)
{
    函数体
}
```
template 是一个声明模板的关键字,类型参数一般用标识符 T 来代表一个虚拟的类型,当使用函数模板时,会将类型参数具体化。typename 和 class 关键字的作用都是表示它们之后的参数是一个类型的参数。只不过 class 是早期 C++版本中所使用的,后来为了不与类产生混淆,所以增加关键字 typename。

[例 5-6-1] 对上述 3 个加法函数进行函数模板化(完整程序见 prg5_6_1.cpp):

```
#include <iostream>
template <typename T>//加法函数模板
T Add(T x,T y)
{
    return x+y;
}
void main()
{
    int x=10,y=10;
    std::cout<<Add(x,y)<<std::endl;//相当于调用函数 int Add(int,int)
    double x1=10.10,y1=10.10;
    //相当于调用函数 double Add(double,double)
    std::cout<<Add(x1,y1)<<std::endl;
    long x2=9999,y2=9999;
    std::cout<<Add(x2,y2)<<std::endl;//相当于调用函数 long Add(long,long)
}
```

运行结果:

当调用函数模板时(如 Add(10,10))就是对函数模板的具体化(如:int Add(int,int)),具体化的函数模板就是模板函数。在函数模板中也可以定义多个类型参数,只不过定义的每个类型参数之前都必须有关键字 typename(class)。

在定义函数模板时要注意的一点是,在 template 语句和函数模板定义语句之间是不允许插入其他语句的。和一般函数一样,函数模板也可以重载,如例 5-6-2 所示(完整程序见 prg5_6_2.cpp)。

[例 5-6-2] 定义函数模板。

```
#include <iostream>
template <typename T>//加法函数模板
T Add(T x,T y)//二元
{
    std::cout<<"调用模板函数:";
    return x+y;
}
template <typename T>//重载加法函数模板
```

```
T Add(T x,T y,T z)//三元
{
    std::cout<<"调用重载模板函数:";
    return x+y+z;
}
void main()
{
    double x1=10.10,y1=10.10;
    std::cout<<Add(x1,y1)<<std::endl;//调用模板函数
    //相当于调用函数 double Add(double,double)
    std::cout<<Add(x1,y1,y1)<<std::endl;//调用重载模板函数
    //相当于调用函数 double Add(double,double,double)
}
```

运行结果：

2. 类模板

和函数模板一样，类模板就是建立一个通用类，其数据成员的类型、成员函数的返回类型和参数类型都不具体指定，而是用一个虚拟类型来代表。当使用类模板建立对象时，系统会根据实参的类型来取代类模板中的虚拟类型，从而实现不同类的功能。其定义格式为：

```
template <typename 类型参数>
class 类名
{
    类成员声明
}
```

或

```
template <class 类型参数>
class 类名
{
    类成员声明
}
```

在类成员声明中，成员数据类型、成员函数的返回类型和参数类型前面需加上类型参数。在类模板中成员函数既可以定义在类模板内，也可以定义在类模板外。在定义类模板外时 C++有这样的规定：需要在成员函数定义之前进行模板声明，且在成员函数名之前加上"类名<类型参数>::"：

```
template <typename(class)类型参数>
返回类型 类名<类型参数>::函数名(形参)
{
    函数体
```

}

而类模板定义对象的形式为

  类模板名<实际类型> 对象名；

  类模板名<实际类型> 对象名(实参)；

  [**例 5-6-3**] 定义类模板，完整程序见 prg5_6_3.cpp。

```cpp
#include <iostream>
#include <string>
template <typename T>//在类模板定义之前,都需要加上模板声明
class BinaryOperation//二目运算类
{
    private:
        T x;
        T y;
        char op;
        void add()
        {
            std::cout<<x<<op<<y<<"="<<x+y<<std::endl;
        }
        void sub()
        {
            std::cout<<x<<op<<y<<"="<<x-y<<std::endl;
        }
        void mul();
        void div();
    public:
        BinaryOperation(T x,T y):x(x),y(y)
        {  }
        void determineOp(char op);
};
/*在类外定义成员函数。在成员函数定义之前进行模板声明,且在成员函数名之前加上"类名<类型参数>::" */
template <typename T>
void BinaryOperation <typename T>::mul
{
    std::cout<<x<<op<<y<<"="<<x*y<<std::endl;
}
template <typename T>
void BinaryOperation <typename T>::div
{
    std::cout<<x<<op<<y<<"="<<x/y<<std::endl;
}
template <typename T>
void BinaryOperation <typename T>::determineOp(char op)
```

```
        {
            this->op=op;
            switch(op)
            {
                case '+': add();break;
                case '-': sub();break;
                case '*': mul();break;
                case '/': div();break;
                default:   break;
            }
        }
    void main()
    {
        BinaryOperation<int> op(10,10);
        op.determineOp('+');
        op.determineOp('-');
        op.determineOp('*');
        op.determineOp('/');
    }
```

运行结果：

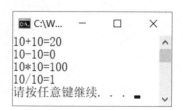

习　　题

1. 单项选择题。

(1)下列关于运算符重载的叙述中,正确的是(　　)。

A. 通过运算符重载,可以定义新的运算符

B. 有的运算符只能作为成员函数重载

C. 若重载运算符+,则相应的运算符函数名是+

D. 重载一个二元运算符时,必须声明两个形参

(2)在重载一个运算符时,如果其参数表中有一个参数,则说明该运算符是(　　)。

A. 一元成员运算符　　　　　　　　B. 二元成员运算符

C. 一元友元运算符　　　　　　　　D. 选项 B 和选项 C 都可能

(3)下列关于赋值运算符"="重载的叙述中,正确的是(　　)。

A. 赋值运算符只能作为类的成员函数重载

B. 默认的赋值运算符实现了"深层复制"功能

C. 重载的赋值运算符函数有两个本类对象作为形参
D. 如果已经定义了复制(拷贝)构造函数,就不能重载赋值运算符

(4)若要重载＋、=、<<、=和[]运算符,则必须作为类成员重载的运算符是( )。
A. ＋和=　　　　　B. =和<<　　　　　C. ==和<<　　　　　D. =和[]

(5)在C++中,可以重载的运算符有( )。
A. sizeof()　　　　B. ::　　　　　　　C. .*　　　　　　　D. ++

(6)在( )情况下宜采用inline定义内联函数。
A. 函数体含有循环语句　　　　　　　B. 函数体含有递归语句
C. 函数代码少、频繁调用　　　　　　D. 函数代码多、不常调用

(7)在C++中,编写一个内联函数func,使用类型为int的参数,求其二次方并返回,返回值为int类型,下列定义( )是正确的。
A. int func(int x){return (x*x);}　　　　B. inline int func{return (x*x);}
C. int inline func{return (x*x);}　　　　D. int func(int x) {return (x*x);}

(8)下面关于模板说法正确的是( )。
A. 类模板提供了一种对类中类型进行参数化的方法;在实例化模板类时,实际的数据类型会代替与类成员或方法相关联的类型参数
B. 类模板中必须包含类成员与类方法
C. 不可以用自定义的数据类型实例化一个模板类
D. 类模板中类方法的参数必须用占位符替代,而不能使用实际数据类型

(9)下列关于模板的叙述中,错误的是( )。
A. 调用模板函数时,在一定条件下可以省略模板实参
B. 可以用int、double这样的类型修饰符来声明模板参数
C. 模板声明中的关键字class都可以用关键字typename替代
D. 模板的形参表中可以有多个参数

(10)下列关于模板的说法正确的是( )。
A. 模板的实参在任何时候都可以省略
B. 类模板与模板类所指的是同一概念
C. 类模板的参数必须是虚拟类型的
D. 类模板中的成员函数全部都是模板函数

2. 以下各例中的函数重载正确吗?若不正确,请指出错误所在。
(1)假设以下代码段被用来重载函数f。
<函数1>　　int f(int x,int y){ return　x*y;}
<函数2>　　double f(int x,int y){ return　x*y;}
<函数3>　　int f(int x=1,int y=7){ return　x+y+x*y;}

(2)函数max用4个不同的定义进行重载。
<函数1>　　int max(int x,int y){ return　x>y?x:y;}
<函数2>　　double max(double x,double y){ return　x>y?x:y;}
<函数3>　　int max(int x,int y,int z)
　　　　　　{
　　　　　　　int lmax=x;

```
            if(y>lmax) lmax=y;
            if(z>lmax) lmax=z;
            return lmax;
        }
<函数4>  int max(void)
        {
            int a,b;
            cin>>a>>b;
            return  abs(a) > abs(b) ? a : b;
        }
```

(3)为区分输入的整数类型和枚举类型而编写了3个版本的函数。

```
<函数1>  void read(int& x){ cin>>x ; }
<函数2>  void read(Boolean& x)
        {
            char c;
            cin>>c ;
            x=(c= ='T')? TRUE:FALSE;
        }
<函数3>  typedef int Logical;
        const int TRUE=1,FALSE=0;
        void read(Logical & x)
        {
            char c;
            cin>>c ;
            x=(c= ='T')? TRUE:FALSE;
        }
```

3. 使用作业1(b)中的函数,假设用户输入 m=−29,n=8。说明哪个函数被调用,返回值是什么。

```
cin>>m>>n;
max(  );
max(m,−40,30);
max(m,n);
```

4. 编写函数 swap 的重载版本,使其可以带两个 int,float 和 string(char *)型的参数。

```
void swap(int& a,int& b);
void swap(float& a,float& b);
void swap(char *a,char *b);
```

5. 使用重载函数编程,分别将两个数和三个数从大到小排列。

6. 简述用成员函数进行运算符重载和使用友元函数的区别。

7. 将整套关系运算符加到 Date 类中,按时间顺序对两个日期进行比较。编写函数:
Date Min(const Date& x,const Date& y);
返回两个日期中较早的一个。定义满足以下要求的对象:D1(6/6/44)、D2(1999年元旦)、D3(1976年圣诞节)、D4(1976年7月4日),比较对象 D1、D2、D3、D4,输出比较结果对以上函数进行测试。

8. 编写通用函数 Max,返回两个值的最大值。

9. 为 C++串类型编写一个 Max 的重载版本,用参数传入指向字符串的指针并返回最大串的指针。

10. 编写函数

   template <class T>
   int Max(T arr[],int n);

返回数组中最大值的下标。

11. 实现函数

   template <class T>
   int BInSearch(T arr[],T key,int low,int high);

在数组 arr 中用折半查找法查找 key。

12. (1)给出类 SeqList 的基于模板的声明。

 (2)对于该模板类,实现其构造函数及 DeleteFront 和 Insert 函数。

 (3)声明一个 SeqList<T> 的对象之前,必须对类型 T 定义什么操作?

 (4)声明 S 为 Stack 的对象,栈中的元素为 SeqList 对象。

第6章 指针与动态对象

6.1 new/delete 的使用要点

在 1.2.2 小节中介绍过 new 和 delete 的简单用法。运算符 new 使用起来要比函数 malloc 简单得多,例如:

```
int  * p1 = (int *)malloc(sizeof(int) * length);
int  * p2 = new int[length];
```

这是因为 new 内置了 sizeof、类型转换和类型安全检查功能。对于非内部数据类型的对象而言,new 在创建动态对象的同时完成了初始化工作。如果对象有多个构造函数,那么 new 的语句也可以有多种形式。例如:

```
class Obj
{
    public :
        Obj(void);//无参数的构造函数
        Obj(int x);//带一个参数的构造函数
        ...
};
void Test(void)
{
    Obj  * a = new Obj;
    Obj  * b = new Obj(1);//初值为 1
    ...
    delete a;
    delete b;
}
```

如果用 new 创建对象数组,那么只能使用对象的无参数构造函数。例如:

```
Obj  * objects = new Obj[100];//创建 100 个动态对象
```

不能写成

```
Obj  * objects = new Obj[100](1);//创建 100 个动态对象的同时赋初值 1
```

在用 delete 释放对象数组时,注意不要忘记符号"[]"。例如:

```
delete []objects;//正确的用法
delete objects;//错误的用法
```

后者相当于 delete objects[0]，漏掉了另外 99 个对象。

6.2 带动态对象的析构函数

与其他类型变量一样，类的对象可被定义成静态变量，也可由 new 动态申请。一般来说，它们都调用构造函数来初始化变量并为一个或多个数据成员动态申请内存。语法规则与简单类型的数组相同，操作符 new 为对象申请内存，并调用类的构造函数对其初始化，若构造函数需要参数，也由 new 提供。

以基于样板的类 DynamicClass 为例介绍对象的动态申请，它有一个静态数据成员和一个动态数据成员，下面是类的定义，可在文件"dynamic.h"中找到。

```cpp
#ifndef DYNAMIC_DEMO_CLASS
#define DYNAMIC_DEMO_CLASS
#include <iostream>
using namespace std;
template <class T>
class DynamicClass
{
    private:
        //类型 T 的变量及一个指向类型 T 数据的指针
        T member1;
        T *member2;
    public:
        //构造函数
        DynamicClass(const T& m1, const T& m2);
        DynamicClass(const DynamicClass<T>& obj);
        //析构函数
        ~DynamicClass(void);
        //赋值运算符
        DynamicClass<T>& operator=(const DynamicClass<T>& rhs);
};
//用带参数的构造函数来初始化成员数据
template <class T>
DynamicClass<T>::DynamicClass(const T& m1, const T& m2)
{
    //参数 m1 初始化静态成员
    member1 = m1;
    //申请动态内存并用 m2 初始化
    member2 = new T(m2);
    cout << "Constructor: " << member1 << '/' << *member2 << endl;
}
//复制构造函数,初始化新的对象,并使其数据与 obj 相同
template <class T>
```

```cpp
DynamicClass<T>::DynamicClass(const DynamicClass<T>& obj)
{
    //从 obj 中拷贝静态数据到当前对象
    member1 = obj.member1;
    //申请动态内存并用 *obj.member2 的值对其初始化
    member2 = new T(*obj.member2);
    cout << "Copy Constructor:" << member1 << '/' << *member2 << endl;
}
//析构函数,用于释放由构造函数申请的内存
template <class T>
DynamicClass<T>::~DynamicClass(void)
{
    cout << "Destructor:" << member1 << '/' << *member2 << endl;
    delete member2;
}
//重载赋值运算符,返回指向当前对象的指针
template <class T>
DynamicClass<T>& DynamicClass<T>::operator=(const DynamicClass<T>& rhs)
{
    //将静态数据从 rhs 中拷贝到当前对象
    member1 = rhs.member1;
    //动态内存中的数据也必须同 rhs 保持一致
    *member2 = *rhs.member2;
    cout << "Assignment Operator:" << member1 << '/' << *member2 << endl;
    return *this;
}
#endif//DYNAMIC_DEMO_CLASS
```

为有效管理内存,应在删除对象的同时释放由对象申请的内存空间。即完成申请空间的构造函数的反操作。C++语言提供了被称为析构函数的成员函数,供编译器在删除对象时调用,对于 DynamicClass,其析构函数定义为:

~DynamicClass(void);

字符"~"表示"求反",因此~DynamicClass 是构造函数的反操作。析构函数没有参数和返回类型。

析构函数在删除对象时调用,程序结束时,将删除所有全局对象及主程序中定义的对象,对在程序段中创建的局部对象,则在程序退出该程序段时删除。

[例 6-2-1] 给出析构函数的定义及使用,程序中有三个对象,obj1 是主程序中定义的变量,obj2 是指向动态对象的指针,DestroyDemo 函数也在其中,并定义了一个局部对象 obj,完整程序见 prg6_2_1.cpp。

```cpp
#include <iostream>
using namespace std;
#pragma hdrstop
#include "dynamic.h"
```

```
void DestroyDemo(int m1, int m2)
{
    DynamicClass<int> obj(m1,m2);
}
void main()
{
    //创建自动变量对象 Obj_1,使其 member1=1, *member2=100
    DynamicClass<int> Obj_1(1,100);
    //定义一指向对象的指针
    DynamicClass<int> *Obj_2;
    //为 Obj_2 申请动态内存,并使其 member1 = 2, *member2 = 200
    Obj_2 = new DynamicClass<int>(2,200);
    //用参数 3/300 调用函数 DestroyObject
    DestroyDemo(3,300);
    //显式释放 Obj_2
    delete Obj_2;
    cout << "Ready to exit program." << endl;
}
```

运行结果:

```
Constructor: 1/100
Constructor: 2/200
Constructor: 3/300
Destructor: 3/300
Destructor: 2/200
Ready to exit program.
Destructor: 1/100
请按任意键继续. . .
```

6.3 赋值运算符重载

正确处理带动态数据的对象间的赋值,C++允许重载赋值运算符"="为一成员函数,在 DynamicClass 中重载赋值运算符的语法为:

DynamicClass<T>& operator=(const DynamicClass<T>& rhs);

它将参数 rhs 作为等式右边的操作数实现了"="这个运算,如:

B=A; //作为 B=(A)实现

每个包含有类型为 DynamicClass 的对象的赋值语句都将执行重载后的"="运算符。它用数据成员,包括由这些成员指向的数据之间的显式的赋值语句代替了简单的从对象 A 到对象 B 的数据的位拷贝。用常量地址来传递参数 rhs 过程,不仅避免了可能拷贝一个大对象到参数中,且不允许对对象作任何修改。另外,须注意不管什么时候用到样板类的名称,都必须将类型"<T>"写在类名的后面。

对于 DynamicClass,赋值运算符必须从对象 rhs 中将数据成员 member1 的值拷贝到当前对象的 member1 中,同时将 rhs 中 member2 指向的内容拷贝到当前对象的 member2 指向的内容。

```
        //重载赋值运算符,返回指向当前对象的指针
        template <class T>
        DynamicClass<T>& DynamicClass<T>::operator=(const DynamicClass<T>& rhs)
        {
            //将静态数据从 rhs 中拷贝到当前对象
            member1 = rhs.member1;
            //动态内存中的数据也必须同 rhs 保持一致
            *member2 = *rhs.member2;
            cout << "Assignment Operator:"<< member1 <<'/'<< *member2 << endl;
            return *this;
        }
```

保留字 this 用来返回当前对象的地址。重载后的赋值运算符将对象 rhs 的数据传送到当前对象,保证了赋值语句 B=A 的正确执行。

由于运算符"="返回的是当前对象的地址,因此,可将两个或多个赋值语句连起来,如:
    C=A=B;   //将结果(B=A)赋值给 C

6.4 拷贝构造函数

1. 什么情况下使用拷贝构造函数

在使用一个对象去构造另一个对象,或者说,用另一个对象值初始化一个新构造的对象的时候会调用拷贝构造函数。

例如:
    Person a("Peter");
    Person b=a; //用 a 的值初始化 b

当对象作为函数参数时,也要涉及对象的拷贝。

例如:
```
        void fn(Person per)
        {
            //….
        }
        void main()
        {
            Person a;
            fn(a);
        }
```

2. 为什么使用拷贝构造函数

为什么 C++要用拷贝构造函数,而它自己不去重新构造呢?例如:
    int a=3;
    int b=a; //将 a 的值拷贝给新创建的 b

因为对象的类型多种多样,不像基本数据类型这么简单,有些对象还申请了系统资源,如

图6-1所示,s对象拥有了一个资源,用s的值创建一个t对象,如果只是二进制内存空间上的拷贝,就意味着t也拥有这个资源了。由于资源归属权不清,因此将引起资源管理的混乱。

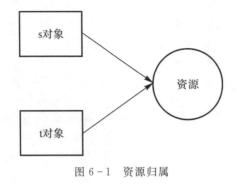

图6-1 资源归属

3. 初始化拷贝构造函数

拷贝构造函数的初始化有如下三种情况。

(1)声明对象。例如:
  DynamicClass <int> A(3,5),B=A;

(2)函数中传递对象为值参数。例如,假设函数F有一个DynamicClass <int>类型的参数X。
  DynamicClass <int> F(DynamicClass <int> X)
  { }

(3)对象返回为函数值。例如:
  DynamicClass <int> F(DynamicClass <int> X)
  {
    DynamicClass <int> obj;
    ……
    return obj;//返回对象
  }

[例6-4-1]　使用整型数据定义DynamicClass成员函数的功能,完整代码见prg6_4_1.cpp。

```
#include <iostream>
using namespace std;
#include "dynamic.h"
template <class T>
DynamicClass<int> Demo(DynamicClass<T> one, DynamicClass<T>& two, T m)
{
    //调用构造函数(member1=m,*member2=m)
    DynamicClass<T> obj(m,m);
    //复制obj并将其作为函数的返回值
    return obj;
    //从Demo返回时,临时对象T和one被删除
}
```

```
void main()
{
    //A(3,5)调用构造函数(member1=3, *member2=5)
    DynamicClass<int> A(3,5);
    //B = A 调用拷贝构造函数,用对象 A 初始化对象 B
    DynamicClass<int> B = A;
    //对象 C 调用构造函数(member1=0, *member2=0)
    DynamicClass<int> C(0,0);
    /*调用函数 Demo 拷贝构造函数,通过拷贝对象 A 创建了参数 one(member1=3, *member2=
5),由于参数 two 用形参传送,所以不调用拷贝构造函数。到返回时,创建一个局部变量 obj 的副本,然后将
其赋值给对象 C */
    C = Demo(A,B,5);
    //程序退出时删除所有未删除的对象
}
```

运行结果:

6.5 动 态 数 组

1. 引入原因

数组是编程时经常用到的一种数据结构。它操作起来非常方便,使用时可以直接通过其下标来访问该数组中的元素,但是也存在一定的不足:

(1)数组在定义的过程中必须声明其大小,不能在程序运行的过程中改变其容量;

(2)在使用数组的过程中如果出现下标越界的情况,程序在编译与运行过程中不会报错,但在程序运行过程中可能会导致系统崩溃。

本章介绍的安全数组不仅可以在程序运行过程中改变数组本身的大小(通过函数 Resize 实现),而且在使用数组时自动检查下标是否越界,若出现越界则提示错误并中断程序。

2. 注意问题

(1)operator T * (void) const;语句相当于强制类型转换,将对象转换成指针 T *。

(2)实现操作符[]重载的函数。

```
T& Array<T>::operator[ ](int n)
```

```
{
    ...
    return alist[n];
}
```

注意:在这里操作符重载函数的返回值必须写为 T&。若写为 T,则在使用时就不能将其作为右值(如 value = A[n];)。因为若不采用 T& 作返回值,该函数执行完 return alist[n];语句之后,函数就已经将该值释放了。而 T& 表示在 return 语句之后,在内存申请了空间,保留了 alist[n]的值,这样在执行 value = A[n]时就可以将 A[n]的值写入 value 了。

静态数组是具有固定元素个数的群体。它通过下标访问其中的元素,是实现表的基础数据结构。尽管静态数组是十分重要的数据结构,但也存在缺点,其大小在编译时就已确定,在运行时无法修改。

为了弥补静态数组的这些不足,创建一个基于模板的类 Array,它由一系列位置连续的任意类型的元素组成,其元素的个数可在程序运行时改变,并有实现下标和指针转换的函数,这是通过重载 C++ 下标运算符"[]"来实现的。类 Array 保证每个下标对应于表中的一个元素,如果下标越界,则进行转换时将产生出错信息。这样得到的对象,可以称为"安全数组"。因为它能捕捉非法的数组下标,因此,数组对象可用于以一般的数组为参数的函数。定义一个通用的指针转换运算符 T*,将 Array 对象和普通的元素类型为 T 的数组联系起来。

类 Array 的定义,文件名为 array.h:

```
#ifndef ARRAY_CLASS
#define ARRAY_CLASS
#include <iostream>
using namespace std;
#include <stdlib.h>
#ifndef NULL
const int NULL = 0;
#endif //NULL
enum ErrorType{invalidArraySize, memoryAllocationError, indexOutOfRange};
char * errorMsg[] =
{
    "Invalid array size", "Memory allocation error",
    "Invalid index: "
};
template <class T>
class Array
{
    private:
        //一个动态申请的包含 size 个元素的表
        T *   alist;
        int size;
        //出错处理函数
        void Error(ErrorType error,int badIndex=0) const;
    public:
```

```cpp
    //构造函数和析构函数
    Array(int sz = 50);
    Array(const Array<T>& A);
    ~Array(void);
    //赋值,下标和指针转换操作
    Array<T>& operator=(const Array<T>& rhs);
    T& operator[](int i);
    operator T * (void) const;
    int ListSize(void) const;//取表的大小
    void Resize(int sz);//修改表的大小
};
//输出相关检错信息
template <class T>
void Array<T>::Error(ErrorType error, int badIndex) const
{
    cerr << errorMsg[error];
    //若出错,输出 indexOutOfRange 的 badindex
    if (error == indexOutOfRange)
        cerr << badIndex;
    cerr << endl;
    exit(1);
}
//构造函数
template <class T>
Array<T>::Array(int sz)
{
    //检查数组参数大小是否合法
    if (sz <= 0)
        Error(invalidArraySize);
    //给 size 赋值并动态申请内存
    size = sz;
    alist = new T[size];
    //确保系统分配了所需内存
    if (alist == NULL)
        Error(memoryAllocationError);
}
//析构函数
template <class T>
Array<T>::~Array(void)
{
    delete [] alist;
}
//拷贝构造函数
```

```cpp
template <class T>
Array<T>::Array(const Array<T>& X)
{
    //取得对象 X 的大小并将其赋值给当前对象
    int n = X.size;
    size = n;
    //为对象申请新内存并进行出错检查
    alist = new T[n];//申请动态内存
    if (alist == NULL)
        Error(memoryAllocationError);
    //从 X 中拷贝数组元素到当前对象
    T * srcptr = X.alist;//X.alist 的首地址
    T * destptr = alist;//alist 的首地址
    while (n--)//拷贝表
        *destptr++ = *srcptr++;
}
//赋值运算符,将 rhs 赋值给当前对象
template <class T>
Array<T>& Array<T>::operator= (const Array<T>& rhs)
{
    //记录 rhs 的大小
    int n = rhs.size;
    //若数组大小不相同,删除内存并重新分配内存
    if (size != n)
    {
        delete [] alist;//删除初始内存
        alist = new T[n];//申请一个新数组
        if (alist == NULL)
            Error(memoryAllocationError);
        size = n;
    }
    //从 rhs 中拷贝数组元素给当前对象
    T * destptr = alist;
    T * srcptr = rhs.alist;
    while (n--)
        *destptr++ = *srcptr++;
    //返回形参给当前变量
    return *this;
}
//重载下标运算符
template <class T>
T& Array<T>::operator[] (int n)
{
```

```cpp
    //数据越界检查
    if(n < 0 || n > size-1)
        Error(indexOutOfRange,n);
    //从私有数组中返回元素值
    return alist[n];
}
template <class T>
int Array<T>::ListSize(void) const
{
    return size;
}
//调整数组大小运算符
template <class T>
void Array<T>::Resize(int sz)
{
    //检查新的参数大小;若其小于等于0,则退出程序
    if(sz <= 0)
        Error(invalidArraySize);
    //若大小不变,则简单返回
    if(sz == size)
        return;
    //须申请新的内存;确认系统已分配所需内存
    T * newlist = new T[sz];
    if(newlist == NULL)
        Error(memoryAllocationError);
    //n 为须拷贝元素的个数
    int n = (sz <= size) ? sz : size;
    //从旧表中拷贝 n 个数组元素到新表
    T * srcptr = alist;//alist 首地址
    T * destptr = newlist;//newlist 首地址
    while(n--)//拷贝表元素
        * destptr++ = * srcptr++;
    //删除旧表
    delete[] alist;
    //将 alist 指针指向 newlist 并改变大小值
    alist = newlist;
    size = sz;
}
#endif//ARRAY_CLASS
```

设 Array 对象 A 定义了一个 10 个整数元素的表,用来存放质数(质数是一大于等于 2 的整数,它只能被其本身和 1 整除)。

[例 6-5-1] 求范围 2~N 中的质数,其中 N 为用户给出的上限。

由于不能预先知道需多大的数组来存放数据,程序用当前质数个数(primecount)和数组

大小进行比较,以检查"表满"状态。当表满时,调整数组大小,并增加 10 个元素。程序最后以 10 个质数 1 行的格式输出这些质数。完整程序见 prg6_5_1.cpp。

```cpp
#include <iostream>
using namespace std;
#include <iomanip>
#include "array.h"
void main()
{
    //用来存放质数的数组,开始有 10 个元素
    Array<int>  A(10);
    //用户给出决定质数范围的上限
    int upperlimit, primecount = 0, i, j;
    cout << "Enter a value >= 2 as upper limit for prime numbers: ";
    cin >> upperlimit;
    A[primecount++] = 2;//2 为质数
    for(i = 3; i < upperlimit; i++)
    {
        //若质数表满,则再申请 10 个元素
        if (primecount == A.ListSize)
            A.Resize(primecount + 10);
        //大于 2 的偶数均非质数,直接跳到下次循环
        if (i % 2 == 0)
            continue;
        //检查参数因子 3,5,7,…,i/2
        j = 3;
        while (j <= i/2 && i % j != 0)
            j += 2;
        //若上述参数不为 i 的因子,则 i 为质数
        if (j > i/2)
            A[primecount++] = i;
    }
    for (i = 0; i < primecount; i++)
    {
        cout << setw(5) << A[i];
        //每 10 个质数回车一次
        if ((i+1) % 10 == 0)
            cout << endl;
    }
    cout << endl;
}
```

运行结果:

```
C:\WINDOWS\system32\cmd.exe
Enter a value >= 2 as upper limit for prime numbers: 100
  2   3   5   7  11  13  17  19  23  29
 31  37  41  43  47  53  59  61  67  71
 73  79  83  89  97
请按任意键继续. . .
```

6.6 用类实现抽象数据类型——字符串

strcpy、strcat(字符串连接)和字符串长度(strlen),都是 C 中标准库函数的字符串操作。C++保留了这种格式,但是这种方法使用起来不太方便,另外,数据与处理数据的函数相分离也不符合面向对象的思想。于是 C++的标准库中就出现了字符串类 string。在使用 string 类型时,要在头文件中加入♯include<string>。比如:string str("Hello C++")或 string str="Hello C++";同时,也可以在表达式中把 string 对象和以'\0'结束符混在一起使用。string 中常用运算符见表 6-1。

表 6-1 string 中常用的运算符

运算符	示例	注释
=	S1=S2	赋值
+	S1+S2	字符串连接
+=	S1+=S2	等于 S1=S1+S2
==	S1==S2	判断是否相等
!=	S1!=S2	判断是否不等
<	S1<S2	判断是否小于
<=	S1<=S2	判断是否小于等于
>	S1>S2	判断是否大于
>=	S1>=S2	判断是否大于等于
[]	S1[i]	访问字符串对象 S1 中下标为 i 的字符

本节给出类 String 的完整的声明,并实现其中的一些函数。以下是类 String 的定义,文件名为 strclass.h。

```
#ifndef STRING_CLASS
#define STRING_CLASS
# include <iostream>
using namespace std;
# include <string.h>
# include <stdlib.h>
#ifndef NULL
```

```cpp
const int NULL = 0;
#endif//NULL
const int outOfMemory = 0, indexError = 1;
class String
{
    private:
        //指向动态申请的串的指针
        //串长度包括NULL字符
        char *str;
        int  size;
        //错误报告函数
        void Error(int errorType, int badIndex = 0) const;
    public:
        //构造函数
        String(char *s = "");
        String(const String& s);
        //析构函数
        ~String(void);
        //赋值运算符
        //String = String, String = C++String
        String& operator=(const String& s);
        String& operator=(char *s);
        //关系运算符
        //String==String,String==C++String,C++String==String
        int operator==(const String& s) const;
        int operator==(char *s) const;
        friend int operator==(char *str, const String& s);
        //String!=String,String!=C++String,C++String!=String
        int operator!=(const String& s) const;
        int operator!=(char *s) const;
        friend int operator!=(char *str, const String& s);
        //String<String,String<C++String,C++String<String
        int operator<(const String& s) const;
        int operator<(char *s) const;
        friend int operator<(char *str, const String& s);
        //String<=String,String<=C++String,C++String<=String
        int operator<=(const String& s) const;
        int operator<=(char *s) const;
        friend int operator<=(char *str, const String& s);
        //String>String,String>C++String,C++String>String
        int operator>(const String& s) const;
        int operator>(char *s) const;
        friend int operator>(char *str, const String& s);
```

```cpp
        //String>=String,String>=C++String,C++String>=String
        int operator>=(const String& s) const;
        int operator>=(char *s) const;
        friend int operator>=(char *str, const String& s);
        //串拼接运算符
        //String+String，String+C++String，C++String+String
        //String += String，String += C++String
        String operator+(const String& s) const;
        String operator+(char *s) const;
        friend String operator+(char *str,const String& s);
        void operator+=(const String& s);
        void operator+=(char *s);
        //有关串函数
        //从 start 位置开始查找字符 c
        int Find(char c, int start) const;
        //查找字符 c 最后一次出现的位置
        int FindLast(char c) const;
        //取子串
        String Substr(int index, int count) const;
        //往 String 中插入另一个 String
        void Insert(const String& s, int index);
        //插入一个 C++串
        void Insert(char *s, int index);
        //删除子串
        void Remove(int index, int count);
        //String 的下标运算
        char& operator[](int n);
        //将 String 转换为 C++串
        operator char *(void) const;
        //String 的输入/输出
        friend ostream& operator<<(ostream& ostr, const String& s);
        friend istream& operator>>(istream& istr, String& s);
        //读入字符,直到结束符
        int ReadString(istream& is=cin,char delimiter='\n');
        //其他函数
        int Length(void) const;
        int IsEmpty(void) const;
        void Clear(void);
};
void String::Error(int errorType, int badIndex) const
{
    if (errorType == outOfMemory)
        cerr << "Memory exhausted!" << endl;
```

```cpp
    else
        cerr << "Index " << badIndex << " out of range" << endl;
    exit(1);
}
//构造函数,申请内存并拷入一个C++串
String::String(char *s)
{
    //长度中包括NULL字符
    size = strlen(s) + 1;
    //为串和NULL字符申请空间,并将s拷入
    str = new char [size];
    //若申请失败,则退出程序
    if (str == NULL)
        Error(outOfMemory);
    strcpy(str,s);
}
//拷贝构造函数
String::String(const String& s)
{
    //将其size值赋为s的size值
    size = s.size;
    //申请与s相同的空间,复制串
    str = new char [size];
    if (str == NULL)
        Error(outOfMemory);
    strcpy(str,s.str);
}
//析构函数
String::~String(void)
{
    delete [] str;
}
//赋值运算符,从String到String
String& String::operator=(const String& s)
{
    //若大小不符,则删除当前串,并重新申请内存
    if (s.size != size)
    {
        delete [] str;
        str = new char [s.size];
        if(str == NULL)
            Error(outOfMemory);
        //将其size值赋为s的size值
```

```cpp
      size = s.size;
   }
   //拷贝 s.str 到新串中,并返回其指针
   strcpy(str,s.str);
   return *this;
}
//赋值运算符,从C++ String 到 String
String& String::operator=(char *s)
{
   int slen = strlen(s) + 1;
   //若大小不符,则删除当前串,并重新申请内存
   if(slen != size)
   {
      delete [] str;
      str = new char [slen];
      if(str == NULL)
         Error(outOfMemory);
      size = slen;
   }
   //拷贝 s 到新串中,并返回其指针
   strcpy(str,s);
   return *this;
}
//所有的关系运算符都使用C++串函数 strcmp
//String == String
int String::operator==(const String& s) const
{
   return strcmp(str,s.str) == 0;
}
//String == C++String
int String::operator==(char *s) const
{
   return strcmp(str,s) == 0;
}
//C++String == String:这是一个友元函数,因为C++串在左边
int operator==(char *str, const String& s)
{
   return strcmp(str,s.str) == 0;
}
//String != String
int String::operator!=(const String& s) const
{
   return strcmp(str,s.str) != 0;
```

```cpp
}
//String != C++String
int String::operator!=(char *s) const
{
    return strcmp(str,s)!=0;
}
//C++String != String
int operator!=(char *str,const String& s)
{
    return strcmp(str,s.str)!=0;
}
//String < String
int String::operator<(const String& s) const
{
    return strcmp(str,s.str)<0;
}
//String < C++String
int String::operator<(char *s) const
{
    return strcmp(str,s)<0;
}
//C++String < String
int operator<(char *str,const String& s)
{
    return strcmp(str,s.str)<0;
}
//String <= String
int String::operator<=(const String& s) const
{
    return strcmp(str,s.str)<=0;
}
//String <= C++String
int String::operator<=(char *s) const
{
    return strcmp(str,s)<=0;
}
//C++String <= String
int operator<=(char *str,const String& s)
{
    return strcmp(str,s.str)<=0;
}
//String > String
int String::operator>(const String& s) const
```

```cpp
{
    return strcmp(str,s.str) > 0;
}
//String > C++String
int String::operator>(char *s) const
{
    return strcmp(str,s) > 0;
}
//C++String > String
int operator>(char *str, const String& s)
{
    return strcmp(str,s.str) > 0;
}
//String >= String
int String::operator>=(const String& s) const
{
    return strcmp(str,s.str) >= 0;
}
//String >= C++String
int String::operator>=(char *s) const
{
    return strcmp(str,s) >= 0;
}
//C++String >= String
int operator>=(char *str, const String& s)
{
    return strcmp(str,s.str) >= 0;
}
//连接：String + String
String String::operator+(const String& s) const
{
    //在 temp 中建立一个长度为 len 的新串
    String temp;
    int len;
    //删除定义 temp 时产生的 NULL 串
    delete [] temp.str;
    //计算拼接后的串长度并为之申请内存
    len = size + s.size - 1;//只有一个 NULL 结尾
    temp.str = new char [len];
    if (temp.str == NULL)
        Error(outOfMemory);
    //建立新串
    temp.size = len;
```

```
    strcpy(temp.str,str);//拷贝 str 到 temp
    strcat(temp.str, s.str);  //连接 s.str
    return temp;//返回
}
//连接 String ＋ C＋＋String,与 String ＋ String 算法相同，C＋＋串在右边
String String::operator＋（char ＊ s）const
{
    String temp;
    int len;
    delete [] temp.str;
    len ＝ size ＋ strlen(s);
    temp.str ＝ new char [len];
    if (temp.str ＝＝ NULL)
        Error(outOfMemory);
    temp.size ＝ len;
    strcpy(temp.str,str);
    strcat(temp.str, s);
    return temp;
}
//连接 C＋＋String＋String,与 String ＋ String 算法相同，C＋＋串在左边
String operator＋（char ＊ cs, const String＆ s)
{
    String temp;
    int len;
    delete [] temp.str;
    len ＝ strlen(cs) ＋ s.size;
    temp.str ＝ new char [len];
    if (temp.str ＝＝ NULL)
        s.Error(outOfMemory);
    temp.size ＝ len;
    strcpy(temp.str,cs);
    strcat(temp.str, s.str);
    return temp;
}
//连接 String ＋＝ String 并赋值
void String::operator＋＝（const String＆ s)
{
    //为当前对象申请新的动态内存
    char ＊ tempstr;
    int len;
    //计算拼接后的串长度并为之申请内存
    len ＝ size ＋ s.size － 1;
    tempstr ＝ new char [len];
```

```cpp
    if (tempstr == NULL)
        Error(outOfMemory);
    //拷贝串到 tempstr 并连接 s.str
    strcpy(tempstr,str);
    strcat(tempstr, s.str);
    //删除 NULL 串
    delete [] str;
    //新串地址为 tempstr,长度为 len
    str = tempstr;
    size = len;
}
void String::operator+=(char * s)
{
    int len;
    char * tempstr;
    len = size + strlen(s);
    tempstr = new char [len];
    if (tempstr == NULL)
        Error(outOfMemory);
    strcpy(tempstr,str);
    strcat(tempstr, s);
    delete [] str;
    str = tempstr;
    size = len;
}
int String::Find(char c, int start) const
{
    int ret;
    char * p;
    p = strchr(&str[start],c);
    if (p != NULL)
        ret = int(p-str);
    else
        ret = -1;
    return ret;
}
//返回字符 c 在串中的最后位置
int String::FindLast(char c) const
{
    int ret;
    char * p;
    //用 C++库函数 strrchr 返回该字符在串中最后位置的指针
```

```cpp
    p = strrchr(str,c);
    if (p != NULL)
        ret = int(p-str);//计算下标值
    else
        ret = -1;//失败时返回-1
    return ret;
}
//返回从 index 开始共 count 个字符的子串
String String::Substr(int index, int count) const
{
    //从 index 到串尾的字符个数
    int charsLeft = size-index-1, i;
    //建立子串 temp
    String temp;
    char *p, *q;
    //若 index 越界,返回空串
    if (index >= size-1)
        return temp;
    //若 count 大于剩下的字符,则只用剩下的字符
    if (count > charsLeft)
        count = charsLeft;
    //删除定义 temp 时产生的空串
    delete [] temp.str;
    //为子串申请动态内存
    temp.str = new char [count+1];
    if (temp.str == NULL)
        Error(outOfMemory);
    //从 str 中拷贝 count 个字符到 temp.str
    for(i=0,p=temp.str,q=&str[index];i<count;i++)
        *p++ = *q++;
    //用 NULL 结束该串
    *p = 0;
    temp.size = count+1;
    return temp;
}
void String::Insert(const String& s, int index)
{
    int newsize, length_s = s.size-1, i;
    char *newstr, *p, *q;
    newsize = size + length_s;
    newstr = new char [newsize];
    if (newstr == NULL)
```

```cpp
        Error(outOfMemory);
    for(i=0,p = newstr, q = str;i <= index-1;i++)
        *p++ = *q++;
    strcpy(p,s.str);
    p += length_s;
    strcpy(p,&str[index]);
    delete [] str;//删除旧串
    size = newsize;//新串大小
    str = newstr;//新串指针
}
void String::Insert(char *s, int index)
{
    int newsize, length_s = strlen(s), i;
    char *newstr, *p, *q;
    newsize = size + length_s;
    newstr = new char [newsize];
    if (newstr == NULL)
        Error(outOfMemory);
    for(i=0,p = newstr, q = str;i <= index-1;i++)
        *p++ = *q++;
    strcpy(p,s);
    p += length_s;
    strcpy(p,&str[index]);
    delete [] str;//删除旧串
    size = newsize;//新串大小
    str = newstr;//新串指针
}
void String::Remove(int index, int count)
{
    int charsLeft = size-index-1, newsize, i;
    char *newstr, *p, *q;
    if (index >= size-1)
        return;//若下标太大则返回
    //若count 大于剩下的字符,则只使用剩下的字符
    count = charsLeft;
    newsize = size - count;
    newstr = new char [newsize];
    if (newstr == NULL)
        Error(outOfMemory);
    for(i=0,p=newstr,q=str;i <= index-1;i++)
        *p++ = *q++;
    q += count;
```

```
      strcpy(p,q);
      delete [] str;
      size = newsize;
      str = newstr;
}
//串下标值运算符
char& String::operator[] (int n)
{
      if (n < 0 || n >= size-1)
          Error(indexError,n);
      return str[n];
}
//指针转换运算符
String::operator char * (void) const
{
      return str;
}
istream& operator>> (istream& istr, String& s)
{
      char tmp[256];
      if (istr >> tmp)//eof?
      {
          delete [] s.str;//删除串
          s.size = strlen(tmp) + 1;
          s.str = new char [s.size];
          if (s.str == NULL)
              s.Error(outOfMemory);
          strcpy(s.str,tmp);
      }
      return istr;
}
ostream& operator<< (ostream& ostr, const String& s)
{
      ostr << s.str;
      return ostr;
}
//从 istr 中读入字符,由 NULL 字符代替 delimiter
int String::ReadString (istream& istr, char delimiter)
{
      //读入一行到 tmp 中
      char tmp[256];
      //文件未结束,读入最多 255 个字符的一行
```

```cpp
    if (istr.getline(tmp, 256, delimiter))
    {
        //删除旧串并申请一个新串
        delete [] str;
        size = strlen(tmp) + 1;
        str = new char [size];
        if (str == NULL)
            Error(outOfMemory);
        //拷贝 tmp,返回读入字符个数
        strcpy(str,tmp);
        return size-1;
    }
    else
        return -1;//返回-1
}
int String::Length(void) const
{
    return size-1;
}
int String::IsEmpty(void) const
{
    return size == 1;
}
void String::Clear(void)
{
    delete [] str;
    size = 1;
    str = new char [size];//为 NULL 字符申请空间
    if (str == NULL)
        Error(outOfMemory);
    str[0] = 0;
}
#endif//STRING_CLASS
```

[例 6 - 6 - 1] 实现类 String 中某些算法,完整程序见 prg6_6_1.cpp。

```cpp
#include <iostream>
using namespace std;
#include "strclass.h"
#define TF(b)   ((b)? "TRUE" : "FALSE")
void main()
{
    String s1("STRING "), s2("CLASS");
    String s3;
```

```cpp
        int i;
        char c,cstr[30];
        s3 = s1 + s2;
        cout << s1 << "concatenated with " << s2 << " = "<< s3 << endl;
        cout << "Length of " << s2 << " = " << s2.Length << endl;
        cout << "The first occurrence of 'S' in " << s2 << " =  "
            <<s2.Find('S',0) << endl;
        cout << "The last occurrence of 'S' in " << s2 << " is "
            <<s2.FindLast('S') << endl;
        cout << "Insert 'OBJECT ' into s3 at position 7." << endl;
        s3.Insert("OBJECT ",7);
        cout << s3 << endl;
        s1 = "FILE1.S";
        for(i=0;i < s1.Length;i++)
        {
            c = s1[i];
            if (c >= 'A' && c <= 'Z')
            {
                c += 32;//转换c为小写字符
                s1[i] = c;
            }
        }
        cout << "The string 'FILE1.S' converted to lower case is "<< s1 << endl;
        cout << "Test relational operators with strings "
            << "s1 = 'ABCDE'   s2 = 'BCF'" << endl;
        s1 = "ABCDE";
        s2 = "BCF";
        cout << "s1 < s2   is " << TF(s1 < s2) << endl;
        cout << "s1 == s2   is " << TF(s1 == s2) << endl;
        cout << "Use 'operator char *' to get s1 as a C++ string: ";
        strcpy(cstr,s1);
        cout << cstr << endl;
}
```

运行结果：

```
C:\WINDOWS\system32\cmd.exe                    —    □    ×
STRING concatenated with CLASS = STRING CLASS
Length of CLASS = 5
The first occurrence of 'S' in CLASS =  3
The last occurrence of 'S' in CLASS is 4
Insert 'OBJECT ' into s3 at position 7.
STRING OBJECT CLASS
The string 'FILE1.S' converted to lower case is file1.s
Test relational operators with strings s1 = 'ABCDE'   s2 = 'BCF'
s1 < s2   is TRUE
s1 == s2   is FALSE
Use 'operator char* ( )' to get s1 as a C++ string: ABCDE
请按任意键继续. . .
```

6.7 模 式 匹 配

一个最普通的模式匹配问题就是在文本文件中查找串。大多数编辑程序都有"搜索"（search）菜单项，菜单项下有诸如"查找"（find）、"替换"（replace）及"全部替换"（replace all）等匹配内容。

find 从文件的当前位置开始向前或向后查找模式的下一次出现；replace 将 find 匹配上的模式替换成另一个串；replace all 搜索整个文件并用新串替换所有匹配上的模式。

模式匹配算法：该算法由函数 FindPat 实现，它从 S 的 startindex 位置开始查找模式 P 的第一次出现，先给出函数的代码，因为算法的分析涉及函数中的特定变量。函数 FindPat 存放在文件"FindPat.h"中。

```
int FindPat(String S, String P, int startindex)
{
    //模式的首字符和尾字符及模式长度
    char    patStartChar, patEndChar;
    int     patLength;
    //模式尾字符的下标
    int     patInc;
    //searchIndex 为开始查找模式的首字符的起始位置
    //matchStart 为首字符匹配上的下标, matchEnd 为此时模式尾字符下标
    int searchIndex, matchStart, matchEnd;
    //S 中尾字符下标, matchEnd 小于等于此值
    int lastStrIndex;
    //insidePattern 中存放去掉首尾字符后的模式
    String insidePattern;
    patStartChar = P[0];//模式的首字符
    patLength = P.Length;      //模式长度
    patInc = patLength-1;//模式尾字符下标
    patEndChar = P[patInc];//模式尾字符
    //若模式长度大于2,从中去掉首尾字符后的模式
    if (patLength > 2)
        insidePattern = P.Substr(1,patLength-2);
    lastStrIndex = S.Length-1; //S 中最后一个字符的下标
    //从 start index 开始找第一个匹配字符
    searchIndex = startindex;
    //开始匹配第一个字符
    matchStart = S.Find(patStartChar,searchIndex);
    //可能匹配的尾字符的下标
    matchEnd = matchStart + patInc;
    //重复此过程,匹配上首字符后,判断尾字符是否相同
    while(matchStart ! = -1 && matchEnd <= lastStrIndex)
    {
```

```cpp
        //判断首尾字符是否匹配
        if (S[matchEnd]==patEndChar)
        {
            //若模式字符不超过两个,则找到匹配串
            if (patLength <= 2)
                return matchStart;
            //比较其他字符
            if (S.Substr(matchStart+1,patLength-2) ==
                    insidePattern)
                return matchStart;
        }
        //没有找到模式,从下一字符继续匹配
        searchIndex = matchStart+1;
        matchStart = S.Find(patStartChar,searchIndex);
        matchEnd = matchStart+patInc;
    }
    return -1;   //没有发现模式
}
```

[例6-7-1] 读入一个 String 对象作为模式,然后读入 String 对象 linestr 直到文件尾,对每一行都调用 FindPat 函数来搜索模式出现的次数,然后,将出现的次数和行号一起打印输出。完整程序见 prg6_7_1.cpp。

```cpp
#include <iostream>
using namespace std;
#include "strclass.h"
#include "findpat.h"
void main()
{
    //定义模式串及被查找的串
    String pattern, lineStr;
    //设定查找参数
    int lineno = 0, lenLineStr, startSearch, patIndex;
    //在此串中匹配次数
    int numberOfMatches;
    cout << "Enter the pattern to search for:";
    pattern.ReadString;
    cout << "Enter a line or EOF:" << endl;
    while(lineStr.ReadString ! = -1)
    {
        //记录行号,并设定查找参数
        lineno++;
        lenLineStr = lineStr.Length();
        startSearch = 0;
        numberOfMatches = 0;
```

```
        //在本行内查找模式
        while (startSearch <= lenLineStr-1 &&
            (patIndex=FindPat(lineStr,pattern,startSearch))!=-1)
        {
            numberOfMatches++;
            //继续查找下一次匹配的情况
            startSearch = patIndex+1;
        }
        cout << numberOfMatches << " matches on line "<< lineno << endl;
        cout << "Enter a line or EOF:" << endl;
    }
}
```

运行结果:

```
Enter the pattern to search for: iss
Enter a line or EOF:
Alfred the snake hissed because he missed his Missy.
3 matches on line 1
Enter a line or EOF:
Mississippi
2 matches on line 2
Enter a line or EOF:
He blissfully walked down the sunny lane.
1 matches on line 3
Enter a line or EOF:
It is so.
0 matches on line 4
Enter a line or EOF:
```

习　　题

1. 单项选择题。

(1)在 C++中,运算符 new 的作用是(　)。

A. 创建名为 new 的对象

B. 获取一个新类的内存

C. 返回指向所创建对象的指针,并为创建的对象分配内存空间

D. 返回为所创建的对象分配内存的大小

(2)关于 new 运算符的下列描述中,(　)是错的。

A. 它可以用来动态创建对象和对象数组

B. 用它动态创建的对象或对象数组应使用运算符 delete 删除

C. 使用它创建对象时要调用构造函数

D. 使用它创建对象数组时必须指定初始值

(3)关于 delete 运算符的下列描述中,(　)是错的。

A. 它必须用于 new 返回的指针

B. 它也适用于空指针

C. 对同一个对象可以多次使用该运算符
D. 指针名前只用一对方括号符,不管所删除数组的维数
(4)下列定义中,( )是定义指向数组的指针 p。
A. int * p[5];   B. int (* p)[5];
C. (int *)p[5];   D. int * p[];
(5)下列程序的运行结果为( )。

```
#include <iostream>
using namespace std;
int i=0;
class A
{
    public:
        A(){i++;}
};
void main()
{
    A a,b[3],* c;
    c=b;
    cout<<i<<endl;
}
```

A. 2   B. 3   C. 4   D. 5

(6)执行如下程序输出星号(*)的个数为( )。

```
#include
using namespace std;
class Sample
{
    public:
        Sample(){}
        ~Sample(){cout<<"*";}
};
int main()
{
    Sample temp[2], * pTemp[2];
    return 0;
}
```

A. 1   B. 2   C. 3   D. 4

2. 简述 new delete 与 malloc free 的联系与区别。
3. 简述数组与指针的区别。
4. 声明一个含 10 个整数的数组以及 1 个指向整数的指针:
    int a[10],* p;
假设有以下语句:
    for(i=0 ;i<2 ;i++)

```
        {
            p=new int [5];
            for(j=0;j<5;j++)
                a[5*i+j]=*p++=i+j;
        }
```
(1)求下列语句的输出结果。
```
        for(i=0;i<10;i++)    cout<<a[i]<<" ";
        cout<<endl;
```
(2)讨论语句:p=p-10;是否将 p 重置到原始动态表的开始。
(3)假设 q 是指向原始动态表的指针,下列代码是否产生与(1)同样的输出?
```
        for(i=0;i<10;i++)    cout<<*(q+i)<<" ";
        cout<<endl;
```
5. 对以下各个声明,用运算符 new 动态分配指定的内存。
(1)建立指向值为 5 的整数的指针 int *px;。
(2)建立含 n 个长整数的动态数组,其头指针为 a。
```
        long *a;
        int n;
        cin>>n;
```
(3)建立一个由 p 所指向的节点,然后将各域赋值为{1,500000,3.14}。
```
        struct DemoC
        {
            int one;
            long two;
            double three;
        }DemoC *p;
```
(4)动态建立一个由 p 所指向的节点,然后将其各域赋值为{3,35,1.78,"BobC++"}。
```
        struct DemoD
        {
            int one;
            long two;
            double three;
            char name[30];
        };
        DemoD *p;
```
(5)写出释放(1)~(4)中所有内存的语句。
6. (1)若 CL 是类,说明为什么不能将拷贝构造函数声明为 CL(const CL x);。
(2)说明为什么一般不用以下方式声明 CL 的赋值运算符。
```
        void operator =(const CL& x);
```
7. 关键字 this 的含义是什么?它的主要用途有哪些?说明为什么它仅在成员函数内部有效。
8. 现有声明如下:
```
        string A("Have a"),B("Nice day!"),C(A),D=B;
```

(1) C 的值是多少？

(2) D 的值是多少？

(3) D＝A＋B 的值是多少？

(4) C＋＝B 的值是多少？

9. 编写函数 DynamicInt * Initialize(int n); 返回指向含 n 个动态分配对象的数组的指针。将对象数组初始化为 1～1 000 范围内的随机整数。

10. 用流方法 getline 读入一个文件并将串存入一个叫字符串池的 Array 对象中。往池中插入一行数据时，要先用 Resize 操作，以给池子增加足够的空间，然后要将该行的起始下标放入串下标数组，如有必要应调整其大小。此数组将标明池中相继出现的每个字符串。输入一个整数 N，打印出文件的最后 N 行。若文件少于 N 行则输出整个文件。

11. (1) 编写函数 void Replace(string source, int pos, const string& repstr); 替换 source 中从下标 pos 开始的 repstr.Length() 个字符。若 source 尾部的字符数不是 repstr.Length() 个，则插入 repstr 中的所有字符，并编写一个主程序测试该函数。

(2) 编写函数 void Center(string& S); 调用 Replace 打印 S，令其在含 80 个字符的一行"％"处于居中位置。编写一个主程序对(1)(2)进行测试。

第 7 章　用类实现链表

本书第 4 章中介绍了线性表的连续存储结构——数组,并说明其不足之处在于元素插入和删除会造成其他元素的大量移动。针对该结构的不足,需要一种新的结构以便从连续存储模式中解脱出来,这种结构就是链式存储结构,也称为链表。为了形象地说明链式存储结构,可以使用链条作为模型,如图 7-1 所示。

图 7-1　链条

通过增加新链,表的长度可以无限增大。更进一步,新的表项插入到表中时,只需拆除连接、增加一个新链,然后恢复连接即可,如图 7-2 所示。

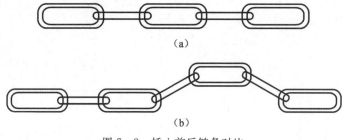

图 7-2　插入前后链条对比
(a)插入前；(b)插入后

删除表项时,只需拆除两个连接、删去一个链,然后重新接上表链即可,如图 7-3 所示。

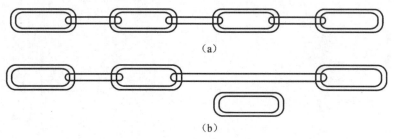

图 7-3　删除表项
(a)删除前；(b)删除后

本章学习"链表"这种结构,以实现一个顺序表。链表将提供充足的表处理手段,并能克服数组的诸多局限。

链表中的独立表项被称为"节点"。本章将论述一种定义节点对象并提供链表操作方法的节点类,特别是要实现在当前节点后插入和删除节点的方法。还要研究使用单个节点、建立链表、遍历节点以及更新其值的方法。

本章还将设计一种将主要节点算法封装在类结构中的链表类,可以用该类实现队列(Queue)以及顺序表(Seqlist)类,因而可以克服基于数组的表的局限性,用来解决许多有趣的问题。

7.1 节 点 类

一个节点由数据域和指向链表中下一节点的指针(如 next)组成。指针是将表中单个节点维系在一起的纽带,如图 7-4 所示。

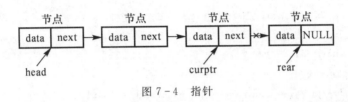

图 7-4 指针

链表由一系列节点组成,其第 1 个元素,或称"头"(front),是一个由指针 head 指向的节点。表链将节点从表头至表尾(rear)串在一起。识别表尾节点的方法是设置指针域的值为 NULL(其值等于 0)。链表可以被看作是一个滑道,其头部为入口,在 NULL 处为出口。通过设置临时指针访问下一个节点的方法遍历所有节点。在遍历过程中的任一点,当前位置可以由指针 curptr 访问。在表中不含节点的情况下,头指针为 NULL。

带有数据域和指针域的节点是链表的基本构件。节点结构中含有初始化数据成员和访问下一个节点的指针方法。每个节点都提供在它自己后面插入新的节点以及删除后继节点的方法。

图 7-5 显示了基本的节点操作方法。在任何给定的节点 p 上,可以实现操作 InsertAfter,将一个新节点附加到当前节点后。具体过程是 p 节点的 next 指针指向新节点(NewNode),然后新节点的 next 指针指向 q,最后恢复连接。

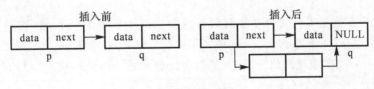

图 7-5 插入节点

用相似的过程可以描述操作 DeleteAfter,删除紧随在当前节点 p 之后的节点 q,将节点 p 的 next 指针指向 q 的后继节点,如图 7-6 所示。

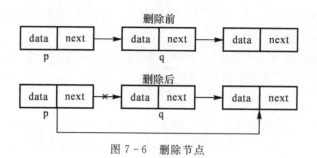

图 7-6 删除节点

具有插入和删除操作的节点结构描述了一种抽象数据类型。用代码来实现节点类的声明。程序包含于文件"nodelib.h"中。

```
template <class T>
class Node
{
    private:
        Node<T> * next;//next 为指向下一节点的指针
    public:
        T data;//data 为公有成员
        //构造函数
        Node (const T& item, Node<T> * ptrnext = NULL);
        //修改表的方法
        void InsertAfter(Node<T> * p);
        Node<T> * DeleteAfter(void);
        //保持下一节点的指针
        Node<T> * NextNode(void) const;
};
```

next 域的值是指向一个 Node 对象的指针。Node 类是一种自引用的结构,其指针指向要引用其自身类型的对象。

Node 对象可用于许多集合中(如词典和哈希表),可定义一个公共数据域,以提供便利的数据访问。next 域为私有的,且由成员函数 NextNode 访问,可由 InsertAfter 和 DeleteAfter 修改。

Node 类的构造函数初始化公共数据域以及私有指针域。在缺省情况下,next 值为 NULL。

Node 类既包含公有数据成员又包含私有数据成员。对于公有的 data 域,客户程序和集合类可以直接访问其值。对于私有的 next 域,是由成员函数来完成的,即允许 InsertAfter 和 DeleteAfter 方法来改变新域的值。Node 类包含成员函数 NextNode,它使得客户程序可以遍历链表。

构造函数初始化 Node 值和指针 next。每个新的节点对象都要被初始化,指针域的缺省值为 NULL。程序包含于文件"nodelib.h"中。

```
//构造函数,初始化数据与指针成员
template <class T>
```

Node<T>::Node(const T& item, Node<T> * ptrnext):data(item), next(ptrnext)
{ }

NextNode 方法使得程序可以访问指针域 next。该方法返回 next 值,可用来遍历表。程序包含于文件"nodelib.h"中。

```
//返回私有成员 next 的值
template <class T>
Node<T> * Node<T>::NextNode(void) const
{
    return next;
}
```

函数 InsertAfter 和 DeleteAfter 是两个主要的表生成操作。二者都只涉及指针更新。InsertAfter 以节点 p 为参数并将其作为下一个节点而加入到表中。开始时,当前对象(cur)指向地址为 q 的节点,其中 q 的值是由 next 域而得到的。该算法修改两个指针。p 的指针域被赋值为 q,而当前对象的指针域被赋值为 p,如图 7-7 所示。程序包含于文件"nodelib.h"中。

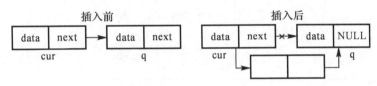

图 7-7 InsertAfter 操作

```
//在当前节点后插入节点 p
template <class T>
void Node<T>::InsertAfter(Node<T> * p)
{
    //p 指向当前节点的后继节点,然后将当前节点指向 p
    p->next = next;
    next = p;
}
```

DeleteAfter 删除紧随在当前对象之后的节点并将当前对象的指针域连接到表中下一个节点上。如果当前对象之后没有节点(next==NULL),函数返回 NULL;否则函数返回已删除的节点的地址,可用来释放内存。DeleteAfter 算法将下一个节点的地址保存在 tempPtr 中。tempPtr 的 next 域则表示当前对象目前必须指向的表节点,返回值为 tempPtr。此过程只进行一次指针赋值,如图 7-8 所示。程序包含于文件"nodelib.h"中。

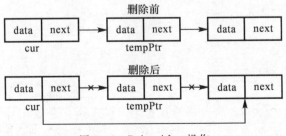

图 7-8 DeleteAfter 操作

```cpp
//删除当前节点的后继节点并返回其指针
template <class T>
Node<T> * Node<T>::DeleteAfter(void)
{
    //保存指向被删除节点的指针
    Node<T> * tempPtr = next;
    //若没有后继节点返回 NULL
    if (next == NULL)
        return NULL;
    //使当前节点指向 tempPtr 的后继节点
    next = tempPtr->next;
    //返回被删除节点的指针
    return tempPtr;
}
```

7.2 构造链表

链表以一个指向表头的节点指针开始,称之为头指针(head)。初始的头指针值为 NULL,表示它指向空表。

常用建立链表的方法有两种,第一种是将每个新节点都置于表头,第二种是将每个新节点都置于表尾。首先学习第一种方法。

1. 将新节点置于表头

(1)生成节点:GetNode。用基于模板的函数 GetNode 实现节点的生成,该函数需要一个初始数据值和一个指针值,以动态地分配一个新的节点。程序包含于文件"nodelib.h"中。

```cpp
//创建一个节点,数据值为 item,指针为 nextPtr
template <class T>
Node<T> * GetNode(const T item, Node<T> * nextPtr = NULL)
{
    Node<T> * newNode;
    //为新节点申请内存,并将参数传入
    //若失败,则退出程序
    newNode = new Node<T>(item, nextPtr);
    if (newNode == NULL)
    {
        cerr << "Memory allocation failure!" << endl;
        exit(1);
    }
    return newNode;
}
```

(2)插入节点:InsertFront。将节点插入表头的操作需要对头指针重新赋值,因为有了新的表头。如何维护表头是表管理中的一个基本问题,若失去表头则会丢失整个链表。

在插入开始以前,头指针指向表头;插入以后,新节点将占据表头,而旧表头将占据第二个位置。因此,新节点的指针域被赋予当前头指针的值,而头指针则被赋予新节点的地址。此赋值是通过使用 GetNode 生成新节点的方法来完成的。

head＝GetNode(item,head);

函数 InsertFront 需要以下参数:表的当前头指针(它定义了表的指针)以及新的数据值。函数将数据节点插入表的前面。因为头指针在操作中要被修改,所以它是作为引用参数被传递的。程序包含于文件"nodelib.h"中。

```
//在表头插入节点
template <class T>
void InsertFront(Node<T> * & head, T item)
{
    //申请新节点,并使其指向原表头,再修改原表头
    head = GetNode(item,head);
}
```

(3)链表的遍历。任何遍历算法的起始点都是头指针,因为它标明了表的开始。当在表中移动时,使用指针 currPtr 来指向当前的位置。初始情况下,currPtr 被设为指向表头。

currPtr＝head;

在遍历过程中,由于 data 是公有成员,可以读出节点的数据域(data)或者给其赋以新值。

currentDataValue＝currPtr－>data;

currPtr－>data＝newdata;

例如,遍历过程可以包括一条简单的 cout 语句,以打印每个节点的值。

cout<<currPtr－>data;//取数据值并输出

在遍历过程中,连续将 currPtr 移到下一个节点直到到达表尾。用函数 NextNode 确定表中的下一个节点。

currPtr＝ currPtr－>NextNode;

表的遍历在 currPtr 值为 NULL 时终止。如函数 PrintList 打印每个节点的数据值(data)。头指针被作为参数传递,第 2 个参数是用户定义类型的 AppendNewline,它表示节点信息输出后加空格符还是回车符。程序包含于文件"nodelib.h"中。

```
enum AppendNewline {noNewline,addNewline};
//输出链表
template <class T>
void PrintList(Node<T> * head, AppendNewline addnl = noNewline)
{
    //用 currPtr 指针从表头开始遍历表
    Node<T> * currPtr = head;
    //输出当前节点的数据,直到表结束
    while(currPtr ! = NULL)
    {
        //当 addl == addNewline 时输出换行符
        if(addnl == addNewline)
            cout << currPtr－>data << endl;
```

```
        else
            cout << currPtr->data << " ";
        //指向下一节点
        currPtr = currPtr->NextNode;
    }
}
```

[例 7-2-1] 匹配键值。程序在 1~10 的范围内产生 10 个随机数并用 InsertFront 将这些值作为节点插入到链表的表头,用 PrintList 显示该表。

程序的一部分代码用于计算表中键值出现的次数。用户首先被提示输入键值。然后遍历程序将键值与每个表节点中的数值(data)域相比较。出现的总次数将被打印出来。

```
#include <iostream>
using namespace std;
#include "nodelib.h"
void main()
{
    //将表的头指针置为 NULL
    Node<int> * head = NULL, * currPtr;
    int i, key, count = 0;
    //往表头中插入 10 个随机整数节点
    for (i=0;i<10;i++)
        InsertFront(head, int(1+rand%10));
    //输出原始表
    cout << "List:";
    PrintList(head,noNewline);
    cout << endl;
    //提示用户输入键值
    cout << "Enter a key:";
    cin >> key;
    //遍历表
    currPtr = head;
    while (currPtr != NULL)
    {
        //节点数据与键值相等,则计数器加 1
        if (currPtr->data == key)
            count++;
        //移向表中下一节点
        currPtr = currPtr->NextNode();
    }
    cout << "The data value " << key << " occurs " << count
        << " times in the list" << endl;
}
```

运行结果:

```
C:\WINDOWS\system32\cmd.exe
List: 5 3 9 9 5 10 1 5 8 2
Enter a key: 5
The data value 5 occurs 3 times in the list
请按任意键继续. . .
```

以上为建立链表的第一种方法,即将每个新节点都放在表头。下面学习第二种方法,将每个新节点都放在表尾。

2. 将新节点置于表尾

插入节点:InsertRear。将节点置于表尾需要先测试表是否为空。若是,则生成一个新节点,其指针域为 NULL,并将其地址赋给头指针,整个操作由 InsertFront 来实现。对于非空表,则必须遍历表节点以定位表尾节点。当前对象的 next 域为 NULL 时,即可标注此位置。

currPtr->NextNode()==NULL

插入操作是通过首先生成一个新节点(GetNode),然后将其插入当前 Node 对象后(InsertAfter)而实施的。因为插入可能改变头指针的值,所以头指针被作为引用参数传递。程序包含于文件"nodelib.h"中。

```cpp
//寻找表尾并向其后加入值为 item 的节点
template <class T>
void InsertRear(Node<T> * & head, const T& item)
{
    Node<T>   * newNode, * currPtr = head;
    //若表为空,则在表头插入 item
    if (currPtr == NULL)
        InsertFront(head,item);
    else
    {
        //找到指针指向 NULL 的节点
        while(currPtr->NextNode() ! = NULL)
            currPtr = currPtr->NextNode();
        //创建新节点并插入表尾
        newNode = GetNode(item);
        currPtr->InsertAfter(newNode);
    }
}
```

[例 7-2-2] 乱字。此程序随机地混合单词中的字以产生一个"乱字谜"。处理过程为遍历串中的每个字符并随机地将其放到表的头部或尾部。对每个字符调用 rand()%2,如果返回值为 0,则调用 InsertFront;否则调用 InsertRear。例如,对于输入 jumble 以及随机数序列 011001,结果表为"lbjume"。程序读入并混合 4 个单词。

```cpp
#include <iostream>
using namespace std;
#include "nodelib.h"
```

```
void main()
{
    //节点链来储存打乱的串
    Node<char> *jumbleword = NULL;
    //输入串;随机数生成器及计数
    string s;
    int i, j;
    //输入 4 个串
    for (i = 0; i < 4; i++)
    {
        cin >> s;
        //用 rand()%2 来决定字符是移到表前(value = 0)还是表尾(value = 1)
        for (j = 0; j < s.Length(); j++)
            if (rand()%2)
                InsertRear(jumbleword, s[j]);
            else
                InsertFront(jumbleword, s[j]);
        //输出输入的串与打乱的串
        cout << "String/Jumble: " << s << "    ";
        PrintList(jumbleword);
        cout << endl << endl;
        jumbleword = NULL;
    }
}
```

运行结果：

```
pepper
String/Jumble: pepper    r p p p e e

hawaii
String/Jumble: hawaii    a w a h i i

jumble
String/Jumble: jumble    e j u m b l

C++
String/Jumble: C++    + C +

请按任意键继续. . .
```

3. 删除节点

前面已经探讨了遍历表并插入新节点的算法。现在探讨一种新的表操作——从表中删除节点,为此引入了一套新的机制。假如要删除表中第 1 个节点,这一操作要求更新表的头指针,将其指向头节点的后继。

设计函数 DeleteFront,表头指针作为引用参数被传递给它。函数将第 1 个节点从链上断开并释放其内存。程序包含于文件"nodelib.h"中。

//删除表中第一个节点

第 7 章 用类实现链表

```
template <class T>
void DeleteFront(Node<T> * & head)
{
    //保存指向被删除节点的指针
    Node<T> * p = head;
    //确认该表非空
    if (head ！= NULL)
    {
        //将头指针 head 指向原表的第二个节点
        head = head->NextNode();
        delete p;
    }
}
```

通用的删除函数将在表中搜索并删掉第 1 个 data 值与键值匹配的节点；将 prevPtr 初始化为 NULL，将 currPtr 初始化为头指针(head)；将 currPtr 沿表移动以查找匹配值并维护 prevPtr 以使它指向 currPtr 的前一个位置，如图 7-9 所示。

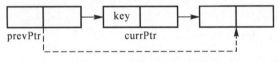

图 7-9 删除函数示意图

指针 prevPtr 和 currPtr 前后相随沿表移动，直到 currPtr 变成 NULL 或 currPtr 标明了一次匹配(currPtr->data==key)。

```
while (currPtr ！= NULL && currPtr->data ！= key)
{
    //将 prevPtr 前移至 currPtr
    prevPtr = currPtr;
    //将 currPtr 前移 1 个节点
    currPtr = currPtr->NextNode();
}
```

如果退出"while"语句时 currPtr ！= NULL，则发生了一次匹配。这时当前位置即为要删除的节点。有两种可能：若 prevPtr 为 NULL，则删除表的第 1 个节点；否则，通过对节点 prevPtr 执行 DeleteAfter 操作对节点进行删除。

```
if(prevPtr == NULL)
    head = head->NextNode();
else
    prevPtr->DeleteAfter();
```

如果没有找到匹配键值，则 Delete 方法什么也不做就返回。因为删除表头需要更新头指针，所以引用传递参数。程序包含于文件"nodelib.h"中。

```
//删除表中第一个与键值相等的节点
template <class T>
void Delete (Node<T> * & head, T key)
```

```
    {
        //currPtr 遍历表,prevPtr 紧随其后
        Node<T>  * currPtr = head, * prevPtr = NULL;
        //若表为空,则返回
        if (currPtr == NULL)
            return;
        //遍历表,直到找到键值相等的节点或已到表尾
        while (currPtr != NULL && currPtr->data != key)
        {
            //currPtr 指针前移,并用 prevPtr 跟随
            prevPtr = currPtr;
            currPtr = currPtr->NextNode();
        }
        //若 currPtr != NULL,则表示在 currPtr 处找到键值
        if (currPtr != NULL)
        {
            //prevPtr == NULL 表示在头节点找到键值
            if(prevPtr == NULL)
                head = head->NextNode;
            else
                //在第二个或随后的节点
                prevPtr->DeleteAfter;
            //删除节点
            delete currPtr;
        }
    }
```

4. 建立有序表

在许多程序中,都希望维持一个有序的数据表,其节点按升序或降序排列。插入算法首先必须遍历表以找到加入新节点的正确位置。下面讨论以升序建立表的过程。

要想加入数值 X,首先对表进行遍历并将 currPtr 定位在第 1 个其 data 值比 X 大的节点上。带有值 X 的新节点应该被插入 currPtr 左边。在遍历过程中,prevPtr 随 currPtr 而移动,但它总是指向前一个位置的记录。

假设开始时表 L 中包含有整数 60,65,74 和 82,如图 7-10 所示。

图 7-10 有序表初始状态

在表中插入 50:因为 60 是表中第 1 个比 50 大的节点,所以将 50 插入表头位置,如图 7-11 所示。

在表中插入 70:74 是表中第 1 个比 70 大的节点,指针 prevPtr 和 currPtr 分别指向节点 65 和 74,如图 7-12 所示。

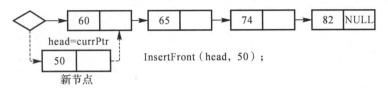

图 7-11　有序表插入 50

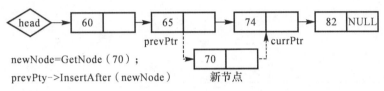

图 7-12　有序表插入 70

在表中插入 90：遍历完整个表但没有发现大于 90 的节点（currPtr＝＝NULL）。新数值大于等于表中所有值，因此新节点必须放在表尾。遍历终止后，将新节点插入 prevPtr 后面，如图 7-13 所示。

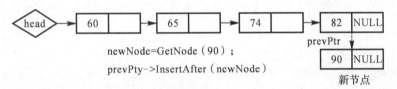

图 7-13　有序表插入 90

用函数实现通用的有序插入算法。如果表中有 n 个元素，最坏的情况是新元素被插入到表尾。这种情况下，必须进行 n 次比较；因此最坏情况的复杂度是 $O(n)$。平均计算，预计搜索到表长一半时即会找到插入点。结果，平均复杂度为 $O(n)$。当然最好的情况为 $O(1)$。

函数 InsertOrder 可以将一个节点插入有序表中。程序包含于"nodelib.h"中。

```
//往有序表中增加节点
template <class T>
void InsertOrder(Node<T> * & head, T item)
{
    //currPtr 遍历表，prevPtr 随它移动
    Node<T> * currPtr, * prevPtr, * newNode;
    //prevPtr == NULL 表示在表头匹配
    prevPtr = NULL;
    currPtr = head;
    //遍历表并找到插入点
    while (currPtr ! = NULL)
    {
        //若 item < 当前节点数据，则找到插入点
        if (item < currPtr->data)
            break;
```

```
        //currPtr 前移一个节点,prevPtr 紧随着移动
        prevPtr = currPtr;
        currPtr = currPtr->NextNode;
    }
    //插入
    if (prevPtr == NULL)
        //若 prevPtr == NULL,则在表头插入
        InsertFront(head,item);
    else
    {
        //在前一节点之后插入新节点
        newNode = GetNode(item);
        prevPtr->InsertAfter(newNode);
    }
}
```

函数 ClearList 将释放表中每个节点所占内存。程序包含于"nodelib.h"中。

```
    //清除链表中所有节点
    template <class T>
    void ClearList(Node<T> * &head)
    {
        Node<T> *currPtr, *nextPtr;
        //遍历链表并删除所有节点
        currPtr = head;
        while(currPtr != NULL)
        {
            //记录下一节点的指针,删除前节点
            nextPtr = currPtr->NextNode;
            delete currPtr;
            //当前节点前移
            currPtr = nextPtr;
        }
        //置表为零
        head = NULL;
    }
```

7.3 设计链表类

　　读者可以使用"nodelib.h"中的 Node 类以及实用函数以处理链表应用程序,该方法可以生成每个节点并且直接进行表操作,当然也有一种更结构化的方法,即定义一种链表类,其中基本的表操作是作为成员函数定义的。本节用设计节点类的算法时所获取的知识来讨论链表类中应包括的数据成员和操作的种类。此外,还期望链表类可被用来实现其他表集合,包括链栈、队列以及 SeqList 类。

1. 链表的数据成员

链表是由一组 Node 对象从表头到表尾串在一起而组成的。表的起始节点称为表头,它表示表的第 1 个节点。表的最后一个节点的指针域的值为 NULL,用表尾指针指向新节点。其目的是让链表类维护指向表头和表尾的指针,因为这对于许多应用程序来说是很有用的,并且对于实现链表队列也是很关键的。

链表可以提供对数据项的顺序访问并且用指针指示当前遍历位置。链表中含有指向当前位置的指针 currPtr,以及伴随指针 prevPtr,它指向前一个位置。另外还维持一个 position 变量,该变量根据其在表中的位置描述当前位置。表头的 position 为 0,下一个为 1,……依此类推。链表中的元素个数由变量 size 来维持。这样就可以标明一个空表或返回表中元素的计数。在图 7 - 14 中,当前位置节点 90,其 position 为 3:

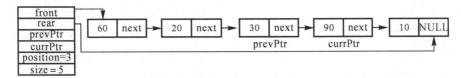

图 7 - 14 链表初始状态

地址 prevPtr 用于在当前位置插入和删除一个节点,这只要用 Node 方法中的 InsertAfter 和 DeleteAfter 即可。图 7 - 15 演示了使用 prevPtr 指向的 Node 对象的一次插入过程。

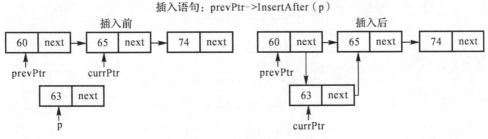

图 7 - 15 链表的插入

从链表中删除一项时,也要用到 prevPtr 所指向的节点,如图 7 - 16 所示。

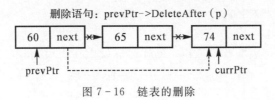

图 7 - 16 链表的删除

2. 链表操作

遍历链表时需要在表的元素间移动。Next 方法能把当前位置向下一个节点推进,这就能够检索和修改节点的数据域而不需要知道数据是如何存储在 Node 类中的。为了说明这些操作,假设 L 是一个整数链表,其当前位置在 data 值为 65 的节点处。下面的语句将当前节点的值改为 67,将下一个节点的值改为 100,如图 7 - 17 所示。

LinkedList<int>L;
...
If(L.Data<70)//将当前节点的值与70作比较
L.Data=67;//若小于70,则赋以新值67
L.Next;//前进到下一节点
L.Data=100;//将该节点值改为100

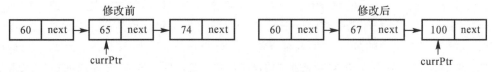

图7-17 修改前后对比图

在实际应用中,有时需要将当前位置设在表中特定位置,Reset方法就可以做到这一点。它以pos为参数,将当前表位置移到pos处。pos的缺省值为0,这时将当前位置设为表头。程序可以从此位置开始用Next遍历所有节点。当条件EndOfList为真时遍历终止。如用一简单的循环打印表项。在遍历表之前,先测试ListEmpty条件。

```
L.Reset;//使currPtr指向表头
if(L.ListEmpty)//检查是否空表
    cout<<"Empty list\n";
else
    while(! L.EndOfList)//遍历全表
    {
        cout<<L.Data<<endl;//输出数据值
        L.Next;//指向下一节点
    }
```

可以用CurrentPosition方法访问当前的表位置。如果在表中移动了很远,则可以用Reset方法恢复原始的表位置。此功能可用于查找表中最大值、在表中定位某个节点等问题。

```
//保存当前位置
Int currPos=L.CurrentPosition;
<遍历表的右部的指令>
//重置当前指针指向上次的currPos
L.Reset(currPos);
```

插入和删除节点是链表的基本操作。操作可以发生在表头、表尾或当前位置。

(1)插入操作。插入操作产生一个带有新的数据域的新节点。节点将被放在表的当前位置或紧随当前位置之后。

InsertAfter操作将新节点放在当前位置之后且将currPtr指向新的节点。该操作与Node类中的InsertAfter的作用相同。

InsertAt方法将新节点放在当前位置。新节点将放在当前节点之前且与之相邻,当前位置被置为新的节点。该操作用于建立一个有序表。

链表类中还提供了InsertFront和InsertRear操作以在表头和表尾增加新节点。这些操作都将当前位置设到新节点处。

(2) 删除操作。删除操作把节点从表中删除掉。DeleteAt 将当前位置处节点删掉,而 DeleteFront 则删掉表中第 1 个节点。

(3) 其他方法。链表类要建立动态数据,因此它必须具有复制构造函数、析构函数以及重载的赋值运算符。用户可以用 ClearList 操作显式地清空一个表。

7.4 类 LinkedList

本节引入类 LinkedList,将其作为用于动态表处理的简单而实用的工具箱。侧重点在于类描述以及示范其使用的样本程序。类定义和实现包含于文件"link.h"中。

LinkedList 类的说明:

```
#include <iostream>
using namespace std;
#include <stdlib.h>
#include "nodelib.h"
template <class T>
class LinkedList
{
    private:
        //指向表头和表尾的指针
        Node<T> * front, * rear;
        //用于数据访问、插入和删除的指针
        Node<T> * prevPtr, * currPtr;
        //表中元素的个数
        int size;
        //表中位置值,用于 Reset
        int position;
        //申请及释放节点的私有函数
        Node<T> * GetNode(const T& item, Node<T> * ptrNext=NULL);
        void FreeNode(Node<T> * p);
        //将表 L 拷贝到当前表
        void CopyList(const LinkedList<T>& L);
    public:
        //构造函数
        LinkedList(void);
        LinkedList(const LinkedList<T>& L);
        //析构函数
        ~LinkedList(void);
        //赋值运算符
        LinkedList<T>& operator=(const LinkedList<T>& L);
        //检查表状态的函数
        int ListSize(void) const;
        int ListEmpty(void) const;
```

```cpp
    //遍历表的函数
    void Reset(int pos = 0);
    void Next(void);
    int EndOfList(void) const;
    int CurrentPosition(void) const;
    //插入函数
    void InsertFront(const T& item);
    void InsertRear(const T& item);
    void InsertAt(const T& item);
    void InsertAfter(const T& item);
    //删除函数
    T DeleteFront(void);
    void DeleteAt(void);
    //访问/修改数据
    T& Data(void);
    //清空表的函数
    void ClearList(void);
};
```

本类使用了动态内存,因此需要复制构造函数、析构函数以及重载的赋值运算符。私有方法 GetNode 和 FreeNode 完成类中的所有内存分配工作。如果内存分配失败,GetNode 终止程序。

本类中保存有表长,它可由 ListSize 和 ListEmpty 方法进行访问。

私有数据成员 currPtr 和 prePtr 记录了表的当前遍历位置的信息。而插入和删除操作则负责在操作完成后更新这两个值。Reset 方法则显式设置 currPtr 和 prePtr 的值。

Reset 以一个位置为参数并将当前位置设在该处。Reset 的缺省值为 0,因此当它不带变量时,当前位置将被设在表头。Next 方法推进到表中下一个节点,而 EndOfList 则指示是否已到表的末端。对于表 L,用一个 for 循环可以遍历整个表。

```
for(L.Reset;! L.EndOfList;L.Next)
    <访问当前节点>
```

函数 CurrentPosition 在遍历过程中返回表的当前位置。以后若要访问当前节点,则可以保存返回值并将其作为参数传递给 Reset。

用 InsertFront 和 InsertRear 可以在表的两端插入。InsertAt 在表的当前位置处插入新节点,而 InsertAfter 则在当前位置后插入节点。如果当前位置在表的末尾(EndOfList＝＝True),那么 InsertAt 和 InsertAfter 都将新节点放到表尾。

DeleteFront 删除表中第 1 个元素,而 DeleteAt 则删除当前位置处的节点。无论采用哪种方法,如果试图从空表中删除节点,都会导致程序终止。

方法 Data 用来读取或修改表的当前位置处的数据。因为 Data 返回的是对节点中数据的引用,所以它可用在赋值语句的左、右两边。

```
//取当前节点的数据值并将其加 5
L.Data＝L.Data＋5
```

ClearList 删除表中所有节点且将表标为空。

1. 表排序

用两个独立的链表就可以实现选择排序。第 1 个表 L 中含有一组未排序的数据；第 2 个表 K 是作为表 L 的副本而建立的，但它的数据是排好序的（排序算法按从大到小的顺序从表 L 中删除各元素并将它们插入表 K 的前面，最后表 K 就变成了有序表）。选择排序需要对表进行重复遍历。用函数 FindMax 来遍历表并将当前位置设到最大元素所在处。从该位置取出数据值后，用 InsertFront 将具有该值的新节点插入表 K 的前面，并用 DeleteAt 从表 L 中删除这个最大值节点。

[**例 7 - 4 - 1**] 表选择排序。建立一个内含 10 个随机数的表 L，随机数的范围在 0~99 之间。先用函数 PrintList 打印出初始表，然后再用选择排序算法将表 L 中的元素转到 K 中。最后再次调用 PrintList 以输出 K 的值，而 K 中的元素已按升序排列。完整程序见 prg7_4_1.cpp。

```cpp
#include <iostream>
using namespace std;
#include "link.h"  //包括链表类
//定位表 L 中最大元素
template <class T>
void FindMax(LinkedList<T> &L)
{
    if (L.ListEmpty)
    {
        cerr << "FindMax: list empty!" << endl;
        return;
    }
    //重置指针到表头
    L.Reset;
    //将位置 0 的值置为当前最大值
    T max = L.Data;
    int maxLoc = 0;
    //遍历全表
    for (L.Next; ! L.EndOfList; L.Next)
        if (L.Data > max)
        {
            //新的最大值，记录其值及在表中的位置
            max = L.Data;
            maxLoc = L.CurrentPosition;
        }
    //将指针指向最大值
    L.Reset(maxLoc);
}
```

```cpp
//输出表 L
template <class T>
void PrintList(LinkedList<T>& L)
{
    //从表头开始遍历表,并输出各节点值
    for(L.Reset;！L.EndOfList;L.Next)
        cout << L.Data << " ";
}
void main()
{
    //将表 L 中各节点在表 K 中升序排序
    LinkedList<int> L, K;
    int i;
    //L 为从 0~99 中选出的 10 个随机整数组成的表
    for(i=0;i<10;i++)
        L.InsertRear(rand%100);
    cout << "Original list: ";
    PrintList(L);
    cout << endl;
    //从 L 中删除节点,直到其为空,将这些节点插入 K
    while(！L.ListEmpty)
    {
        //在剩余元素中求最大值
        FindMax(L);
        //将最大值节点插入表 K 后从表 L 中删除
        K.InsertFront(L.Data);
        L.DeleteAt;
    }
    cout << "Sorted list:    ";
    PrintList(K);
    cout << endl;
}
```

运行结果：

```
C:\WINDOWS\system32\cmd.exe                    —    □    ×
Original list: 41  67  34   0  69  24  78  58  62  64
Sorted list:    0  24  34  41  58  62  64  67  69  78
请按任意键继续. . .
```

2. 删除重复值

LinkedList 类的一个应用是从表中删除重复值。先建立一个表 L,然后开始遍历其节点。对每个节点,都记录下它的位置以及其数据值。这样就有了一个可以在表的其余部分寻找其重复值的键值以及在删除重复值以后可以返回的位置。从当前位置开始,一直遍历到表尾,删除所有其数据值与键值匹配的节点。然后再将遍历位置重新设回原始值的位置,向前推进一个节点以继续整个操作过程,如图 7-18 所示。

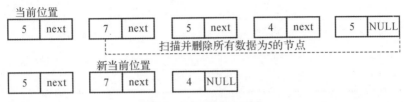

图 7-18 删除重复值

[例 7-4-2] 删除重复值。使用上述算法删除重复值。初始表中含有 15 个值在 1~7 之间的随机数。程序先打印出表,然后调用函数 RemoveDuplicates,以删除表中的重复值。最后再次调用函数 PrintList 以打印出结果表。函数 PrintList 包含在文件"link.h"中。完整程序见 prg7_4_2.cpp。

```
#include <iostream>
using namespace std;
#include "link.h"//包括链表类
//输出表 L
template <class T>
void PrintList(LinkedList<T>& L)
{
    //移到表 L 头,遍历表并输出每一项
    for(L.Reset; ! L.EndOfList; L.Next)
        cout << L.Data << "  ";
}
void RemoveDuplicates(LinkedList<int>& L)
{
    int currPos, currValue;//当前表位置及数据值
    L.Reset;//指针指向表头
    //遍历表
    while(! L.EndOfList)
    {
        currValue = L.Data;//记录当前节点的数据值及位置
        currPos = L.CurrentPosition;
        //移到下一节点
        L.Next;
        //移到表尾,删除所有具有 currValue 的节点
        while(! L.EndOfList)
            //若该节点被删除,当前位置为下一节点
            if (L.Data == currValue)
                L.DeleteAt;
            else
                L.Next;//移到下一节点
```

```
            //移到具有 currValue 值的第一个节点后,再移到下一节点
            L.Reset(currPos);
            L.Next;
        }
    }
    void main()
    {
        LinkedList<int> L;
        int i;
        //插入 1~7 之间的 15 个随机整数,并输出表
        for(i=0; i<15; i++)
            L.InsertRear(1+rand()%7);
        cout << "Original list：";
        PrintList(L);
        cout << endl;
        //删除所有重复的数据,并输出新表
        RemoveDuplicates(L);
        cout << "Final list：    ";
        PrintList(L);
        cout << endl;
    }
```

运行结果：

```
C:\WINDOWS\system32\cmd.exe                    —    □   ×
Original list: 7 2 7 6 4 3 6 1 6 7 1 6 7 7 1
Final list:    7 2 6 4 3 1
请按任意键继续. . .
```

7.5 LinkedList 类的实现

LinkedList 类的描述中引用了 Node 类,实现中也用到 Node 类的许多技术。例如,在链表前端插入和删除节点的算法也适用于 LinkedList 类。"nodelib.h"中的函数所用的算法是研究 Linkedlist 类的基础。

(1) 私有数据成员。类限制对这类数据的访问,因为它们仅供成员函数使用。链表是由一组 Node 对象从表头到表尾串在一起的。链表将头指针作为数据成员。为方便在表尾插入,类中设有一个表尾指针指向表尾节点,这样就省去了遍历整个表以找出表尾的时间。变量 size 保存的是表中的节点个数,它可用于确定表是否为空,并返回表中数据的个数。变量 position 可以当作 Reset 方法的参数,以方便重新定位。

LinkedList 对象中有两个指针用来标明表中的当前位置(currPtr)以及前一个位置(prePtr)。指针 currPtr 指向表中的当前节点。它可用于 Data 方法以及插入方法 InsertAfter。指针 prePtr 用于方法 DeleteAt 以及 InsertAt,它们都对当前位置进行操作,当插入和删除都完成时,类更新表对象的 front,rear,position 和 size 域。各指针图示见图 7-19。

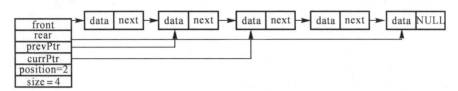

图 7-19 各指针图示

(2) 内存分配方法。类为用户提供所有插入和删除服务。复制构造函数和插入方法生成节点，而 Clearlist 和删除方法则注销节点。LinkedList 类能在这些方法中直接使用运算符 new 和 Delete。当然，函数 GetNode 和 FreeNode 所提供的是更结构化的内存管理方式。

GetNode 方法以给定的数据值和指针域动态地分配一个节点。如果分配成功，函数返回指向新节点的指针；否则函数打印出错信息并终止程序。FreeNode 方法释放由节点占用的内存。

(3) 构造函数和析构函数。构造函数建立一个空表，所有指针值均设为空。在此初始状态下，size 的值被置为 0 而 position 的值被置为 -1。

```
//通过指针指向 NULL,大小设为 0,表位置设为-1,可以生成空表
template <class T>
LinkedList<T>::LinkedList(void): front(NULL), rear(NULL),
    prevPtr(NULL),currPtr(NULL), size(0), position(-1)
{
}
```

类中实现了方法 CopyList，它遍历表 L 并将每个数据值插入当前表的表尾，并将遍历参数 prevPtr, currPtr 和 position 的配置设置为与表 L 中的相同。经过赋值和初始化后，这两个表具有相同的遍历状态。

```
//将 L 拷贝到一初始为空的当前表中
template <class T>
void LinkedList<T>::CopyList(const LinkedList<T>& L)
{
    //用指针 p 遍历表 L
    Node<T> *p = L.front;
    int pos;
    //往当前表的表尾插入 L 的每个元素
    while (p != NULL)
    {
        InsertRear(p->data);
        p = p->NextNode;
    }
    //若表为空则返回
    if (position == -1)
        return;
    //在新表中重置 prevPtr 及 currPtr
    prevPtr = NULL;
```

```
        currPtr = front;
        for (pos = 0; pos ! = position; pos++)
        {
            prevPtr = currPtr;
            currPtr = currPtr->NextNode;
        }
    }
```

ClearList 遍历链表并注销所有节点。析构函数只需调用 ClearList 即可实现。

```
    template <class T>
    void LinkedList<T>::ClearList(void)
    {
        Node<T> *currPosition, *nextPosition;
        currPosition = front;
        while(currPosition ! = NULL)
        {
            //取下一节点指针并删除当前节点
            nextPosition = currPosition->NextNode;
            FreeNode(currPosition);
            currPosition = nextPosition;//移到下一节点
        }
        front = rear = NULL;
        prevPtr = currPtr = NULL;
        size = 0;
        position = -1;
    }
```

(4) 表遍历方法。Reset 将当前遍历位置设到由参数 pos 所指定的位置。同时它还将更新 currPtr 和 prevPtr 的值。如果 pos 不在 0 至 size-1 范围内,则打印出错消息且程序终止。为设置 currPtr 和 prevPtr,函数区分 pos 是否为表头位置以及在表中间的情况。

pos==0:重置当前位置到表的前端,具体做法是将 prevPtr 设为 NULL,currPtr 指向表头而 position 为 0。

Pos! =0:既然 pos==0 的情况已经考虑过,那么可以假设 pos 值比 0 大且表遍历必须到表的中间位置。为重新定位 currPtr,从表的第 2 个节点开始,移向 pos 位置处。

```
        //重置表位置为 pos
        template <class T>
        void LinkedList<T>::Reset(int pos)
        {
            int startPos;
            //若表为空则返回
            if (front == NULL)
                return;
            //若位置无效,则退出程序
            if (pos < 0 || pos > size-1)
```

```
    {
        cerr << "Reset：Invalid list position： " << pos << endl;
        return;
    }
    //移动链表遍历机制到节点 pos
    if(pos == 0)
    {
        //重置到表头
        prevPtr = NULL;
        currPtr = front;
        position = 0;
    }
    else
    //重置 currPtr，prevPtr 及 position
    {
        currPtr = front->NextNode;
        prevPtr = front;
        startPos = 1;
        //右移直到 position == pos
        for(position=startPos; position != pos; position++)
        {
            prevPtr = currPtr;
            currPtr = currPtr->NextNode;
        }
    }
}
```

表的顺序遍历过程是通过执行方法 Next 实现的。函数将 prevPtr 移到当前节点,同时将 currPtr 再向后移动一个节点。如果已遍历完表中所有节点,则变量 position 的值为 size 而 currPtr 的值则为 NULL。

```
//将 prevPtr 和 currPtr 指针后移一个节点
template <class T>
void LinkedList<T>::Next(void)
{
    //若已到表尾或表为空,返回
    if (currPtr != NULL)
    {
        //将两个指针右移一个节点
        prevPtr = currPtr;
        currPtr = currPtr->NextNode;
        position++;
    }
}
```

(5)数据存取。用 Data 方法可以存取表节点中的数据:如果表为空或遍历已经到达表的末端,则打印出错信息且程序终止;否则,Data 返回 currPtr->data。

```
//返回当前节点的数据值
template <class T>
T& LinkedList<T>::Data(void)
{
    //若表为空或已到表尾,则出错
    if (size == 0 || currPtr == NULL)
    {
        cerr << "Data: invalid reference!" << endl;
        exit(1);
    }
    return currPtr->data;
}
```

(6) 表插入方法。LinkedList 类中提供了一系列在表头或表尾增加节点(InsertFront,InsertRear)或者在以当前位置为参考的相对位置处插入节点(InsertAt 和 InsertAfter)的方法。插入方法需要一个参数值以初始化新节点的 data 域。

InsertAt 将具有数据值的节点插入表的当前位置。该方法用 GetNode 分配一个节点,它拥有一个数据值,地址为 NewNode。该算法需要处理两种情况。如果插入发生在表的前端(prevPtr==NULL),则将表头指针更新为指向新节点。如果插入发生在表的中间,要往空表中或在非空表的末尾插入表项,则必须考虑对指针 rear 的特殊处理,如图 7-20 所示。

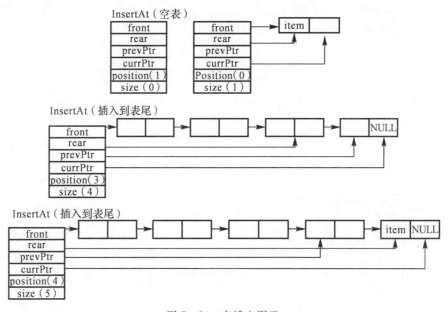

图 7-20 表插入图示

```
//往表的当前位置插入节点
template <class T>
void LinkedList<T>::InsertAt(const T& item)
{
```

```
       Node<T>  * newNode;
       //两种情况:往表头插入或往表中插入
       if (prevPtr == NULL)
       {
          //往表头插入,包括往空表插入
          newNode = GetNode(item,front);
          front = newNode;
       }
       else
       {
          //往表中插入,在 prevPtr 后插入节点
          newNode = GetNode(item);
          prevPtr->InsertAfter(newNode);
       }
       //若 prevPtr == rear,表示往空表中插入或为空表
       //应修改 rear 及 position 值
       if (prevPtr == rear)
       {
          rear = newNode;
          position = size;
       }
       //改变 currPtr 及增加表的大小
       currPtr = newNode;
       size++;//增加表大小
    }
```

(7)表删除方法。两个删除操作分别从表头(DeleteFront)和当前位置(DeleteAt)删除节点。

DeleteAt 删除地址 currPtr 处的节点。如果 currPtr 为 NULL,则表示用户程序已经遍历完整个表,函数输出一条出错消息并终止程序。如果删除表中的第 1 个节点(prevPtr==NULL),则更新指针 front;如果删除中间节点(prevPtr!=NULL&& currPtr !=NULL),则使用 Node 类的方法 DeleteAfter;如果删除的节点在尾部(currPtr==rear),则新的 rear 值变为 prevPtr 值,position 减小,而 currPtr 则为 NULL。在其他所有情况下,position 保持不变。如果删除表中唯一一个节点,则 rear 变为 NULL,而 position 的值从 0 变为 -1。调用 FreeNode 可以从内存中释放节点并减小表长。

```
       //删除表中当前节点
       template <class T>
       void LinkedList<T>::DeleteAt(void)
       {
          Node<T>  * p;
          //若表为空或已到表尾则出错
          if (currPtr == NULL)
          {
```

```
        cerr << "Invalid deletion!" << endl;
        exit(1);
    }
    //被删除的必是头节点或表中节点
    if (prevPtr == NULL)
    {
        //保存表头指针并删除它
        p = front;
        front = front->NextNode;
    }
    else
        //删除 prevPtr 之后的中间节点并保存其地址
        p = prevPtr->DeleteAfter;
    //若表尾被删除,则 prevPtr 为新表尾且 position 减 1,否则 position 不变
    //若 p 是最后节点,则 rear = NULL 且 position = -1
    if (p == rear)
    {
        rear = prevPtr;
        position--;
    }
    //将 currPtr 指向下一节点,若 p 为表中最后节点,则 currPtr 为 NULL
    currPtr = p->NextNode;
    //释放节点空间并将表大小减 1
    FreeNode(p);
    size--;
}
```

7.6 用链表实现集合

本章已经研究了链表具有提供功能强大的动态存储功能,以及增删表项或更新数据值的常用方法。通过使用 LinkedList 类中的各种方法,拥有了以直接方式实现队列以及表操作的工具。

本节中,研究用链表实现 Queue 类和 SeqList 类。

1. 链式队列

LinkedList 对象在存储一组表项时具有灵活的存储结构。Queue 类通过 LinkedList 对象的复合方法直接实现了队列。通过执行 LinkedList 操作来完成与之等价的 Queue 操作。例如,LinkedList 对象允许在表尾插入表项(InsertRear)以及从表头删除表项(DeleteFront)。通过将当前指针重新定位到表头(Reset),定义从表头直接获取数据值的操作(QFront)。用其他队列方法判断表的状态,而这些工作可由表操作 ListEmpty 和 ListSize 来完成。要清空队列,只需调用表方法 Clearlist 即可。

(1) Queue 类的说明(用 LinkedList 对象)。

```
#include "link.h"
template <class T>
class Queue
{
    private:
        //存放队列元素的链表对象
        LinkedList<T> queueList;
    public:
        //构造函数
        Queue(void);
        //入队列函数
        void QInsert(const T& elt);
        T QDelete(void);
        //入列
        T QFront(void);
        //检验队列函数
        int QLength(void) const;
        int QEmpty(void) const;
        void QClear(void);
};
```

LinkedList 对象 queueList 中存有各队列项,该对象提供了一套完整的链表操作以用于实现公有 Queue 方法。

Queue 类中没有自己的析构函数、复制构造函数以及赋值运算符。编译器通过执行对象 queueList 的赋值运算符或复制构造函数来实现赋值运算和初始化操作。queueList 的析构函数在 Queue 对象被注销时,将被自动调用。用链表实现的类 Queue 包含于文件"queue.h"中。

(2) Queue 方法的实现。

为说明 Queue 方法的实现,定义队列修改方法 QInsert 和 QDelete 以及存取方法 QFront,这些方法都直接调用了等价的 LinkedList 方法。

QInsert 操作使用 LinkedList 操作 InsertRear,将新表项加到队列的尾部。

```
//链表函数 InsertRear 在队尾插入元素
template <class T>
void Queue<T>::QInsert(const T& elt)
{
    queueList.InsertRear(elt);
}
```

QDelete 首先检查队列的状态,若是空表则终止;否则调用表操作 DeleteFront,将表中第 1 项拆下,以释放其内存并返回数据值。

```
//链表函数 DeleteFront 从队首删除元素
template <class T>
T Queue<T>::QDelete(void)
{
    //若队列为空,则退出程序
```

```
        if(queueList.ListEmpty)
        {
            cerr << "Calling QDelete for an empty queue!" << endl;
            exit(1);
        }
        return queueList.DeleteFront;
    }
```

Qfront 操作从 QueueList 第 1 个元素中取出数据值,这需要将当前指针定位到表头并读出其数值。对空表调用此函数时将会产生错误消息并使程序终止。

```
    //返回队列中第一个元素的数据值
    template <class T>
    T Queue<T>::QFront(void)
    {
        //若为真,则检验空队列并退出
        if(queueList.ListEmpty)
        {
            cerr << "Calling QFront for an empty queue!" << endl;
            exit(1);
        }
        //重置队首元素并返回其数据
        queueList.Reset;
        return queueList.Data;
    }
```

2. 链式 SeqList 类

SeqList 类定义了一种有严格限制的存储结构,它仅允许将表项插入表尾,删除表中第 1 项或与键值匹配的项。访问表中数据的方法是用 Find 方法或 position 索引读出节点中的数值。与链表队列相似,在实现 Seqlist 类时也可以使用 LinkedList 对象保存数据。同时,该对象还可以提供实现类方法的强有力的操作工具箱。

SeqList 类定义:

```
    #include "link.h"
    template <class T>
    class SeqList
    {
        private:
            //链表对象
            LinkedList<T> llist;
        public:
            //构造函数
            SeqList(void);
            //访问表的方法
            int ListSize(void) const;
```

```
        int ListEmpty(void) const;
        int Find (T& item);
        T GetData(int pos);
        //改变表的方法
        void Insert(const T& item);
        void Delete(const T& item);
        T DeleteFront(void);
        void ClearList(void);
    };
```

SeqList 类方法不需要定义析构函数、复制构造函数以及赋值运算符。编译器通过使用 LinkedList 类中的相应操作生成它们。此类在文件"seqlist.h"中。

SeqList 类允许用户用 Find 方法加上一个键值访问数据或按表中位置访问数据,用 LinkedList 类的遍历机制来遍历整个表并搜索键值。

```
    //将 item 作为键值搜索表,若表中存在该 item 值则返回 True,否则返回 False
    template <class T>
    int SeqList<T>::Find (T& item)
    {
        int result = 0;
        //在表中搜索 item,若找到,则将 result 置为 True
        for(llist.Reset;! llist.EndOfList;llist.Next)
            if (item == llist.Data)
            {
                result++;
                break;
            }
        if (result)
            item = llist.Data;
        return result;
    }
```

GetData 按数据元素在表中的位置进行访问。用 LinkedList 方法 Reset 在表中所需位置建立遍历机制,并执行 Data 方法以取出数据值。

```
    //返回位于 pos 位置的数据值
    template <class T>
    T SeqList<T>::GetData(int pos)
    {
        //check for a valid position
        if (pos < 0 || pos >= llist.ListSize)
        {
            cerr << "pos is out of range!" << endl;
            exit(1);
        }
```

```
//将当前链表的 position 置为 pos 并返回数据
    llist.Reset(pos);
    return llist.Data;
}
```

7.7 实例研究:打印缓冲池

[例 7-7-1] 用队列实现打印缓冲池。打印缓冲池接受打印请求并将待打印文件插入队列中。当打印机可用时,缓冲池从队列中删除作业并将文件打印出来。缓冲池的工作使得打印可以在后台进行而用户仍可执行前台进程。

(1)问题分析。本例中编写了一个缓冲池类,其操作模拟用户往打印队列中加入新作业并检查已经在队列中作业的状态的过程。打印作业是一个结构,它包含一个整数表编号、文件名以及页计数。

```
        struct PrintJob
        {
            int    number;
            char   filename[20];
            int    pagesize;
        };
```

模拟过程以每分钟 8 页的速度连续打印。

以下表示用户往打印缓冲池发送的 3 个作业。

作业	名称	页数
45	论文	70
6	信件	5
70	通知	20

在 12 min 内,用户将 3 个作业加到队列中并两次请求列出队列中的作业。如图 7-21 所示,4,1,5,2 各单元代表用户操作之间相隔的时间。数值 70,38,35,20 和 4 则指用户操作的各个时刻未打印完的页数。

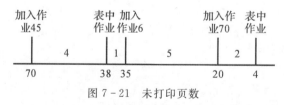

图 7-21 未打印页数

(2)程序设计。打印缓冲池是一个存储 PrintJob 记录的表。因为作业是依据先来先服务的原则处理的,所以将表作为队列看待,即作业请求被插到表尾,而表头的作业请求则被删去,并打印出来。在此实例中,要完成正规队列集合所不提供的操作。实例将遍历表中的作业,请求并打印出它们的状态。在更新操作中,将修改当前作业的长度,但不从队列中删除它。

本实例中用事件来导引整个模拟过程。事件可以是将打印作业加到缓冲池中、列出缓冲池中的作业,以及检查某特定作业是否还未打印等。事件以随机选择的时间片隔开,时间片的长度在 1~5 min 之间。为模拟后台连续打印作业的过程,实例中用事件的发生来更新打印队列。

事件之间的时间间隔长度可以用来计算已经打印出多少页。假设自上一次事件以来的时间间隔是 deltaTime,则已打印出的页数是：

pagesPrinted=deltaTime * 8

图 7-22 中跟踪了打印缓冲池从 0~12 min 之间的操作。在每次事件发生处,列出缓冲池中的页数、已打印完的总页数以及打印队列。

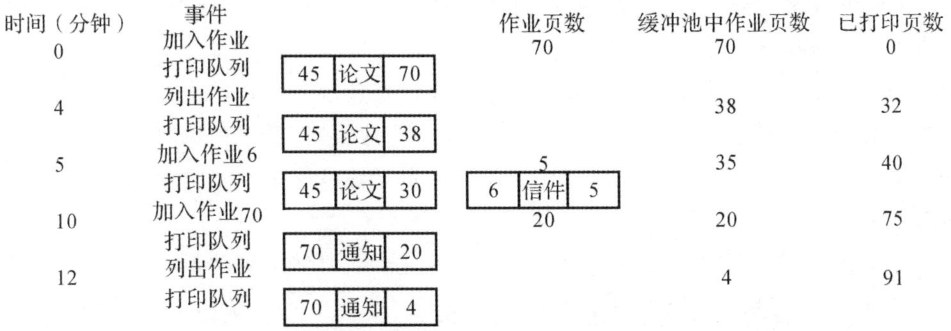

时间（分钟）	事件			作业页数	缓冲池中作业页数	已打印页数
0	加入作业			70	70	0
	打印队列	45 论文 70				
4	列出作业				38	32
	打印队列	45 论文 38				
5	加入作业6			5	35	40
	打印队列	45 论文 30	6 信件 5			
10	加入作业70			20	20	75
	打印队列	70 通知 20				
12	列出作业				4	91
	打印队列	70 通知 4				

图 7-22　跟踪缓冲池操作

打印作业的存储结构以及缓冲池存取函数是由以下的 Spooler 类定义的。

Spooler 类描述：

```
#include "link.h"
const int PRINTSPEED = 8; //每分钟打印页数
//打印缓冲池类
class Spooler
{
    private:
        //存放打印作业及状态的队列
        LinkedList<PrintJob> jobList;
        //deltaTime 存放范围 1~5 的随机数来模拟时间片
        int deltaTime;
        void UpdateSpooler(int time);
    public:
        //构造函数
        Spooler(void);
        //将作业加入缓冲池
        void AddJob(const PrintJob& J);
        //输出缓冲池状态的方法
        void ListJobs(void);
        int CheckJob(int jobno);
        int NumberOfJobs(void);
};
```

私有数据成员 deltaTime 模拟自上次缓冲池事件发生以来打印过程所进行的分钟数。每次事件开始时都要以 deltaTime 为参数调用操作 UpdateSpooler,该函数更新 jobList 以表明打印已经在后台进行了 deltaTime 分钟。公有方法负责给组 deltaTime 赋新值,该值由 RandomNumber 生成器以 1~5 为范围生成,它表示在下一次更新事件之前所经历的分钟数。

打印作业由方法 AddJob 加入缓冲池中。ListJob 和 CheckJob 这两个操作提供有关缓冲池的状态的信息。在任何时刻都可调用 ListJobs 打印出缓冲池中的作业清单。CheckJob 方法接受一个作业号并返回其在缓冲池中的状态信息。该函数返回未打印完的页码数,若已打印完则返回 0。

NumberOfJobs 返回未打印的作业的计数。PrintJob,PRINTSPEED 以及缓冲池类的定义包含在文件"spooler.h"中。

(1)Spooler 更新方法的实现。更新过程删除累计页数小于已打印页数的那些作业。如果要打印的总页数小于或等于已打印总页数,那么所有作业都已完成且打印队列被清空;否则从队列中删除一个或多个作业且当前打印作业的部分页已被打印出来。更新留下了当前作业中未被打印的部分。

```
//更新操作,在打印当中进行,删除已打完的作业并修改当前作业的剩余页数
void Spooler::UpdateSpooler(int time)
{
    PrintJob J;
    //可在给定时间内打印的页数
    int printedpages = time * PRINTSPEED;
    //根据 printedpages 值及队列中的作业数为作业更新打印队列
    jobList.Reset;
    while (! jobList.ListEmpty && printedpages > 0)
    {
        //查找第一个作业
        J = jobList.Data;
        //若已打印页数大于作业页数,更新已打印页数计数并删除该作业
        if (printedpages >= J.pagesize)
        {
            printedpages -= J.pagesize;
            jobList.DeleteFront;
        }
        //部分作业完成;更新剩余页数
        else
        {
            J.pagesize -= printedpages;
            printedpages = 0;
            jobList.Data = J;//更新节点中信息
        }
    }
}
```

}

(2)缓冲池状态判断方法。缓冲池状态判断方法的作用是响应请求,给出有关等待打印的作业以及特定作业的状态的信息。用 ListJobs 和 CheckJob 方法对缓冲池表进行顺序遍历。

ListJobs 从表头开始(Reset),一个节点一个节点往下走(Next),一直到表尾(EndOfList),最后输出每一个 PrintJob 的信息。

```
//更新缓冲池并列出池中当前所有作业
void Spooler::ListJobs(void)
{
    PrintJob J;
    //更新打印队列
    UpdateSpooler(deltaTime);
    //产生下一事件发生的时间
    deltaTime = 1 + rand()%5;
    //遍历队列之前检查是否为空池
    if (jobList.ListSize == 0)
        cout << "Print queue is empty\n";
    else
    {
        //从表头开始遍历作业队列直到表尾,打印每个作业的有关信息
        for(jobList.Reset();! jobList.EndOfList();jobList.Next())
        {
            J = jobList.Data;
            cout << "Job " << J.number << ": " << J.filename;
            cout << "   " << J.pagesize << " pages remaining" << endl;
        }
    }
}
```

main 程序中定义了一个 Spooler 对象 spool,并建立一个与用户交互动作的对话框。在每一轮操作中,可供用户选择的是一含 4 个选项的菜单。选项"A"(Addjob),"L"(ListJob)和"C"(CheckJob)更新打印队列并执行缓冲池操作,选项"Q"终止程序。若打印队列为空则不列出选项"L"和"C"。

```
#include <iostream>
using namespace std;
#include <ctype.h>
#include "spooler.h"
void main()
{
    //打印池对象
    Spooler spool;
    int jnum, jobno = 0, rempages;
    char response = 'C';
```

```cpp
PrintJob J;
for(;;)
{
    //用户选项,只有作业存在时,才有C选项
    if(spool.NumberOfJobs!=0)
        cout << "Add(A)   List(L)   Check(C)   Quit(Q) ==> ";
    else
        cout << "Add(A)   Quit(Q) ==> ";
    cin >> response;
    //将用户回答转换为大写字母
    response = toupper(response);
    //每种回答对应的动作
    switch(response)
    {
        //将一新作业加入队列中,并使作业号加1,读入文件名及页数
        case 'A':
            J.number = jobno;
            jobno++;
            cout << "File name: ";
            cin >> J.filename;
            cout << "Number of pages: ";
            cin >> J.pagesize;
            spool.AddJob(J);
            break;
        //输出留在队列中作业的信息
        case 'L':
            spool.ListJobs;
            break;
        //输入作业号,用作键值来检索整个队列
        //输出该作业是否完成或尚未打印的页数
        case 'C':
            cout << "Enter job number: ";
            cin >> jnum;
            rempages = spool.CheckJob(jnum);
            if(rempages > 0)
                cout << "Job is in the queue. " << rempages
                     << " pages remain to be printed\n";
            else
                cout << "Job has completed\n";
            break;
        //若输入为'Q',退出 switch 及 for 循环
        case 'Q':
```

```
                    break;
                //输入错误,则输出出错信息,并重现菜单
                default:
                    cout << "Invalid spooler command.\n";
                    break;
            }
            if (response == 'Q')
                break;
            cout << endl;
        }
    }
```

运行结果:

7.8 循 环 表

　　链表是一个以头节点开始,以 NULL 指针域结尾的节点序列。在本节中,研究表的另一种模型——循环链表,它可以简化顺序表算法的设计和编码。
　　一个空链表中包含一个节点,它有一个未经初始化的数据域。该节点叫 header,初始时它指向自己。header 的作用是指向表中第 1 个"真正的"节点,因此 header 常被称为"哨位"节点。在循环型的链表中,空表实际上包含一个节点,NULL 指针是用不上的。在节点的侧边用折线示意 header。
　　注意对于标准链表和循环链表,检测表是否为空的方法是不同的。
　　标准链表:head==NULL
　　循环链表:header->next==header
　　节点被加入表中以后,最后一个节点指向 header 节点。可以将循环链表看成一个手链,

其 header 节点作为搭扣。header 节点将表中的真节点拴在一起，如图 7-23 所示。

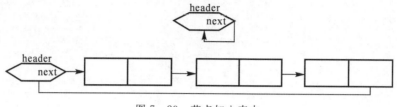

图 7-23 节点加入表中

在 7.1 节中，描述了 Node 类并用其方法建立链表。在本节中，定义 CNode 类，它用于建立循环表。该类提供缺省的构造函数，可以对数据域不作初始化。此构造函数用来生成 header。

(1)循环节点类定义。

```
template <class T>
class CNode
{
    private：
        //指向下一节点的循环指针
        CNode<T> * next;
    public：
        //data 为公共成员
        T data;
        //构造函数
        CNode(void);
        CNode (const T& item);
        //更新表的函数
        void InsertAfter(CNode<T> * p);
        CNode<T> * DeleteAfter(void);
        //保存下一节点的指针
        CNode<T> * NextNode(void) const;
};
```

CNode 类与 7.1 节中的 Node 类相似，所有数据成员具有相同的名称和功能。循环节点类包含于文件"Cnode.h"中。

(2)循环节点类的实现。

构造函数初始化节点时将该节点指向它自己，因此每个节点都可以作为一个空表的表头(header)。"自己"就是指针 this。因此赋值语句就变得简单了。

next=this; //下一节点为节点本身

缺省的构造函数对数据域不作初始化。第 2 个构造函数带一个参数并用它初始化数据域。两个构造函数都不需要用来指定 next 域初始值的参数。对 next 域所要作的任何改变都要用到 InsertAfter 或 DeleteAfter 方法。

```
//生成空表并初始化数据的构造函数
template <class T>
```

第 7 章 用类实现链表

```cpp
CNode<T>::CNode(const T& item)
{
    //设置节点指向自己并初始化数据
    next = this;
    data = item;
}
```

(3)循环节点操作。循环节点类提供用于表遍历的 NextNode 方法。与 Node 类方法相似,NextNode 返回指针值 next,如图 7-23 所示。

InsertAfter 将节点 p 加入到紧挨在当前对象的位置上,不需要用一个特殊的算法将节点装入表头,因为仅需执行 InsertAfter(header)。哨位节点或头节点的存在使得技术上困扰表处理的特殊情况不复存在。

```cpp
//在当前节点后插入节点 p
template <class T>
void CNode<T>::InsertAfter(CNode<T> * p)
{
    //p 指向当前节点的后继节点,当前节点指向 p
    p->next = next;
    next = p;
}
```

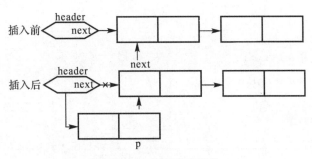

图 7-23 循环节点操作

从表中删除节点的操作则是由 DeleteAfter 方法完成的。DeleteAfter 方法将紧接在当前节点之后的节点删除,并返回指向已删除节点的指针。如果 next==this,则表中没有其他节点了,操作返回 NULL 值。

```cpp
//删除当前节点之后的节点,并返回指向其的指针
template <class T>
CNode<T> * CNode<T>::DeleteAfter(void)
{
    //保存指向被删除节点的指针
    CNode<T> * tempPtr = next;
    //若 next 指针为 this,表明没有其他节点,返回 NULL
    if (next == this)
        return NULL;
    //当前节点指向 tempPtr 的后继节点
```

```
        next = tempPtr->next;
//返回指向被删除节点的指针
        return tempPtr;
    }
```

[例 7-8-1] Josephus 问题。一旅行社选择 n 个客人参加一次竞赛,胜者可免费周游世界。旅行社让客人围成一个圆圈并随机选取一个数 m。游戏方法是沿圆圈顺时针方向数客人,每数到 m 时便停下,让该竞赛者出局,游戏按此规则接着进行,直到只剩一个人。这个人就获得了周游世界的资格。

例如,如果 $n=8$ 且 $m=3$,则参赛者的出局顺序是 $3,6,1,5,2,8,4$,第 7 个人会赢得比赛。

函数 CreateList 用 CNode 方法 InsertAfter 建立循环表 $1,2,\cdots,n$。

选择过程由函数 Josephus 完成,它要求的参数之一是循环表的头节点,另一个是随机数 m。函数重复进行 $n-l$ 次操作,每次连续数 m 个表项并删除第 m 项。在表中转圈时,打印出每个出局者的号码。循环结束时只剩下一项。主程序输入参赛者的数目,并用 CreateList 建立循环表。程序生成一个 $1\sim n$ 范围内的随机数 m。调用 Josephus 以决定参赛者出局的顺序以及周游世界的获胜者。完整程序见 prg7_8_1.cpp。

```
#include <iostream>
using namespace std;
#include "cnode.h"
//用给定的头节点产生整型循环链表
void CreateList(CNode<int> * header, int n)
{
    //开始往头节点后插入
    CNode<int> * currPtr = header, * newNodePtr;
    int i;
    //建立 n 元循环链表
    for(i=1;i <= n;i++)
    {
        //用数据值 i 申请节点空间
        newNodePtr = new CNode<int>(i);
        //往表尾插入节点并将 currPtr 指针前移至表尾
        currPtr->InsertAfter(newNodePtr);
        currPtr = newNodePtr;
    }
}
//对 n 元循环链表,每次使第 m 个客人出局,直到剩下一个客人
void Josephus(CNode<int> * list, int n, int m)
{
    //prevPtr 紧随 currPtr 循环遍历链表
    CNode<int> * prevPtr = list, * currPtr = list->NextNode;
    CNode<int> * deletedNodePtr;
    //删除表中节点直到留下一个
    for(int i=0;i < n-1;i++)
```

```cpp
    {
        //从 currPtr 指向的当前客人开始数 m 个客人,即指针前移 m-1 次
        for(int j=0;j< m-1;j++)
        {
            //前移指针
            prevPtr = currPtr;
            currPtr = currPtr->NextNode;
            //若 currPtr 指向表头,再移一次指针
            if (currPtr == list)
            {
                prevPtr = list;
                currPtr = currPtr->NextNode;
            }
        }
        cout << "Delete person " << currPtr->data << endl;
        //记录被删除的节点,并前移 currPtr 指针
        deletedNodePtr = currPtr;
        currPtr = currPtr->NextNode;
        //从表中删除该节点
        prevPtr->DeleteAfter;
        delete deletedNodePtr;
        //若 currPtr 为头指针,则再移动一次
        if (currPtr == list)
        {
            prevPtr = list;
            currPtr = currPtr->NextNode;
        }
    }
    cout << endl << "Person " << currPtr->data<< " wins the cruise." << endl;
    //删除表中最后一个节点
    deletedNodePtr = list->DeleteAfter;
    delete deletedNodePtr;
}
void main()
{
    //人员表
    CNode<int> list;
    //n 为表中人数, m 为循环选择因子
    int n, m;
    cout << "Enter the number of contestants? ";
    cin >> n;
    //产生客人1,客人2,…客人n 组成的循环表
    CreateList(&list,n);
```

```
    m = 1+rand()%n;
    cout << "Generated the random number " << m << endl;
    //解决 Josephus 问题并输出最终结果
    Josephus(&list,n,m);
}
```

运行结果：

7.9 双向链表

对以 NULL 终结的链表或循环链表的遍历都是从左到右进行的,但循环链表更灵活一些,遍历可以从任意位置开始,最后折返到起始位置。这些表的局限性是它们不允许用户回溯以逆向遍历表。它们在执行删除节点 p 的操作上往往很费周折。因为必须遍历表以查找指向 p 之前的节点的指针。

在有些应用程序中,用户想以相反的顺序访问表。例如,一个棒球运动组织者有一张按击球平均得分数从低到高排列的运动员名单。为衡量运动员作为击球手的击中率,必须以逆向遍历表。这可以用堆栈做到,但不方便。此时,双向链表是很有用的,双向链表结构如图 7-25 所示。双向链表中的节点含有两个指针域,一个数据域,如图 7-26 所示。

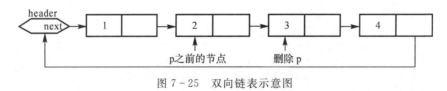

图 7-25 双向链表示意图

图 7-26 双向访问节点

双链节点对表进行扩展,建立了一种有效而灵活的表处理结构,如图 7-27 所示。

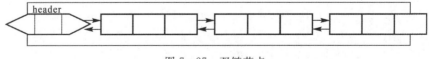

图 7-27 双链节点

两个方向都有插入和删除操作。图 7-28 示意了将节点 p 插入当前节点右边的过程。4 个新链必须被赋值。

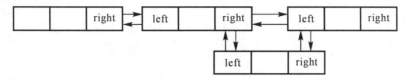

图 7-28 插入节点

在双向链表中,节点可以通过改变两个指针而将自身从表中删除,如图 7-29 所示。

图 7-29 删除节点

DNode 类是一种处理双循环链表的节点类。类定义和成员函数包含于文件"dnode.h"中。

(1)DNode 类定义。

```
template <class T>
class DNode
{
    private:
        //指向左、右节点的指针
        DNode<T> *left;
        DNode<T> *right;
    public:
        //data 为公有成员
        T data;
        //构造函数
        DNode(void);
        DNode (const T& item);
        //改变表的方法
        void InsertRight(DNode<T> *p);
        void InsertLeft(DNode<T> *p);
        DNode<T> *DeleteNode(void);
        //取得指向左、右方向节点的指针
        DNode<T> *NextNodeRight(void) const;
        DNode<T> *NextNodeLeft(void) const;
};
```

除了使用两个"next"指针以外,数据成员类似于单链的 CNode 类,有两种插入操作,每个方向一种。删除操作可将当前节点从表中删除。用函数 NextNodeRight 和 NextNodeLeft 可以返回一个私有指针的值。

在例 7-4-1 中用函数 InsertOrder 建立了一个有序表。算法从头节点开始对表进行遍历以寻找插入点。对于双向链表,可以维持一个用来标识放入表中的最后一个节点的指针 currPtr 从而优化这一过程。

若要插入新的一项,先将它的值与当前位置值进行比较。如果新值较小,则用左指针往表头遍历;如果新值较大,则使用右指针往表尾遍历。例如,假设刚刚将 40 存入表"dlist"中:

dlist:10 25 30 40 50 55 60 75 90

若加入节点 70,则向后遍历表并将 70 插入到 60 的右边。若加入节点 35,则向前遍历表并将 35 插入到 40 的左边。

DlinkSort 通过建立有序表并将元素拷贝回数组中,实现了用双向链表对 n 个元素的数组排序。函数 InsertHigher 将一个新节点加入当前表位置的右边。与之对称的函数 InsertLower 将新节点加到当前位置的左边。

插入 item1:
　　以头节点为参数调用 InsertRight,保存 a[0]。

插入 item2~10:
　　如果 item<currPtr-> data,调用 InsertLower。
　　如果 item>currPtr-> data,调用 InsertHigher。

[例 7-9-1] 双向链表排序。

用 DlinkSort 对 10 个整数的表进行排序。已排好序的表用 PrintArray 进行输出。完整程序见 prg7-9-1.cpp。

```
#include <iostream>
using namespace std;
#include "dnode.h"
template <class T>
void InsertLower(DNode<T> * dheader, DNode<T> * &currPtr, T item)
{
    DNode<T> *newNode= new DNode<T>(item), *p;
    //寻找插入点
    p = currPtr;
    while (p != dheader && item < p->data)
        p = p->NextNodeLeft;
    //插入元素
    p->InsertRight(newNode);
    //使 currPtr 指向新节点
    currPtr = newNode;
}
template <class T>
void InsertHigher(DNode<T>* dheader, DNode<T>* & currPtr, T item)
{
    DNode<T> *newNode= new DNode<T>(item), *p;
    //寻找插入点
    p = currPtr;
```

```cpp
        while (p != dheader && p->data < item)
            p = p->NextNodeRight;
    //插入元素
    p->InsertLeft(newNode);
    //使 currPtr 指向新节点
    currPtr = newNode;
}
template <class T>
void DLinkSort(T a[], int n)
{
    //建立双向链表存放数组元素
    DNode<T> dheader, *currPtr;
    int i;
    //往双向链表中插入数组的第一个元素
    DNode<T>  *newNode = new DNode<T>(a[0]);
    dheader.InsertRight(newNode);
    currPtr = newNode;
    //往双向链表中插入数组的其他元素
    for (i=1;i<n;i++)
        if (a[i]<currPtr->data)
            InsertLower(&dheader,currPtr,a[i]);
        else
            InsertHigher(&dheader,currPtr,a[i]);
    //遍历全表并将数据值拷贝到数组中
    currPtr = dheader.NextNodeRight;
    i = 0;
    while(currPtr != &dheader)
    {
        a[i++] = currPtr->data;
        currPtr = currPtr->NextNodeRight;
    }
    //删除表中所有节点
    while(dheader.NextNodeRight != &dheader)
    {
        currPtr = (dheader.NextNodeRight)->DeleteNode();
        delete currPtr;
    }
}
//遍历数组并输出其元素
void PrintArray(int a[], int n)
{
    for(int i=0;i<n;i++)
        cout << a[i] << " ";
```

```
}
void main()
{
    //用 10 个整数值初始化数组
    int A[10] = {82,65,74,95,60,28,5,3,33,55};
    DLinkSort(A,10);//对数组排序
    cout << "Sorted array:    ";
    PrintArray(A,10);//输出数组
    cout << endl;
}
```

运行结果:

```
C:\WINDOWS\system32\cmd.exe                    —    □   ×
Sorted array:      3  5  28  33  55  60  65  74  82  95
请按任意键继续. . .
```

(2)DNode 类的实现。构造函数通过将节点地址 this 赋给 left 和 right 而生成一个空表。如果给构造函数传递一个参数节点的 data 域将被初始化为该参数。

```
//构造函数,创建一个空表并初始化其 data 域
template <class T>
DNode<T>::DNode(const T& item)
{
    //建立一个指向自身的节点并初始化 data 域
    left = right = this;
    data = item;
}
```

(3)表操作。若要将节点 p 插入到当前节点的右边则必须对 4 个指针赋值。图 7-30 中示意了 C++语句和新链的对应关系。注意赋值顺序并不是随意的。读者应该验证以下算法在往空表中插入节点时的正确性。

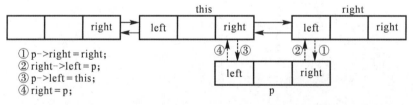

图 7-30 在双向循环链表中将节点插入到当前节点的右侧

```
//将节点 p 插入到双向链表中当前节点的右边
template <class T>
void DNode<T>::InsertRight(DNode<T> * p)
{
    //将 p 和当前节点的右后继节点相连
    p->right = right;
    right->left = p;
```

```
    //将 p 的左边和当前节点相连
    p->left = this;
    right = p;
}
```

InsertLeft 方法则将 InsertRight 算法中的 right 与 left 互换即可。

```
    //将节点 p 插入到当前节点左边
    template <class T>
    void DNode<T>::InsertLeft(DNode<T> * p)
    {
        //将 p 和当前节点的左后继节点相连
        p->left = left;
        left->right = p;
        //将 p 的右边和当前节点相连
        p->right = this;
        left = p;
    }
```

为删除当前节点，必须修改两个指针，如图 7-31 所示。读者应该验证以下算法在删除表中最后一个节点时的正确性。该方法返回指向已删除节点的指针。

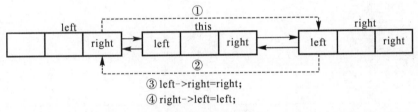

图 7-31 从双循环链表中删除一个节点

```
    //从链表中删除当前节点并返回其地址
    template <class T>
    DNode<T> * DNode<T>::DeleteNode(void)
    {
        //将左节点的右指针指向右节点
        left->right = right;
        //将右节点的左指针指向左节点
        right->left = left;
        //返回当前节点的指针
        return this;
    }
```

习 题

1. 单项选择题。

(1) 建立一个长度为 n 的有序单链表的时间复杂度为(　)。

A. $O(n)$　　　　　B. $O(1)$　　　　　C. $O(n^2)$　　　　　D. $O(\log_2 n)$

(2) 设某链表中最常用的操作是在链表的尾部插入或删除元素,则选用下列( )存储方式最节省运算时间。

A. 单向链表　　　B. 单向循环链表　　C. 双向链表　　　D. 双向循环链表

(3) 设一条单链表的头指针变量为 head 且该链表没有头节点,则其判空条件是( )。

A. head==0
B. head->next==0
C. head->next==head
D. head!=0

(4) 设指针 q 指向单链表中节点 A,指针 p 指向单链表中节点 A 的后继节点 B,指针 s 指向被插入的节点 X,则在节点 A 和节点 B 插入节点 X 的操作序列为( )。

A. s->next=p->next;p->next=-s
B. q->next=s;s->next=p;
C. p->next=s->next;s->next=p
D. p->next=s;s->next=q;

(5) 设指针变量 p 指向单链表中节点 A,若删除单链表中节点 A,则需要修改指针的操作序列为( )。

A. q=p->next;p->data=q->data;p->next=q->next;free(q);
B. q=p->next;q->data=p->data;p->next=q->next;free(q);
C. q=p->next;p->next=q->next;free(q);
D. q=p->next;p->data=q->data;free(q);

(6) 设一个有序的单链表中有 n 个节点,现要求插入一个新节点后使得单链表仍然保持有序,则该操作的时间复杂度为( )。

A. $O(\log_2 n)$　　B. $O(1)$　　　　C. $O(n^2)$　　　　D. $O(n)$

(7) 设指针变量 top 指向当前链式栈的栈顶,则删除栈顶元素的操作序列为( )。

A. top=top+1;
B. top=top-1;
C. top->next=top;
D. top=top->next;

(8) 设用链表作为栈的存储结构,则退栈操作( )。

A. 必须判别栈是否为满
B. 必须判别栈是否为空
C. 判别栈元素的类型
D. 对栈不作任何判别

(9) 设指针变量 front 表示链式队列的队头指针,指针变量 rear 表示链式队列的队尾指针,指针变量 s 指向将要入队列的节点 X,则入队列的操作序列为( )。

A. front->next=s;front=s
B. s->next=rear;rear=s;
C. rear->next=s;rear=s
D. s->next=front;front=s;

(10) 设带有头节点的单向循环链表的头指针变量为 head,则其判空条件是( )。

A. head==0
B. head->next==0
C. head->next==head
D. head!=0

(11) 设指针变量 p 指向双向链表中节点 A,指针变量 s 指向被插入的节点 X,则在节点 A 的后面插入节点 X 的操作序列为( )。

A. p->right=s; s->left=p; p->right->left=s; s->right=p->right;
B. s->left=p;s->right=p->right;p->right=s; p->right->left=s;

C. p—>right=s; p—>right—>left=s; s—>left=p; s—>right=p—>right;
D. s—>left=p; s—>right=p—>right; p—>right—>left=s; p—>right=s;

2. 编写一段代码，建立数值为 1,2,…,20 的链表。

3. 在下面每条语句之后列出链表内容；对于"cout"语句，给出输出结果。

  Node<char> *head, *p, *q;
  head=new Node<char>('B');
  head=new Node<char>('A', head);
  q=new Node<char>('C');
  p=head;
  p=p—>NextNode();
  p—>InsertAfter(q);
  cout<<p—>data<<" "<<p—>NextNode()—>data<<endl;
  q=p—>DeleteAfter();
  delete q;
  q=head;
  head=head—>NextNode();
  delete q;

4. 编写函数，复制以节点 p 开始的链表。

5. 若要编写一个 Node 类的方法改变 next 数据成员，说明以下语句的作用。其中 next 和 this 均为指针。

  Node<T> *p;
  (1) p=next; p—>next=next;
  (2) p=this; next—>next=p;
  (3) next=next—>next;
  (4) p=this; next—>next=p—>next;

6. 假设一个整数链表由以下头节点维护：Node<int> header(0);
(1) 编写一段代码将节点 p 插入到表的前端。
(2) 编写一段代码将节点 p 从表的前端删除。

7. 阅读程序

```
LinkList mynote(LinkList L)
{//L 是不带头节点的单链表的头指针
    if(L&&L—>next){
        q=L;L=L—>next;p=L;
        S1:while(p—>next) p=p—>next;
        S2:p—>next=q;q—>next=NULL;
    }
    return L;
}
```

请回答下列问题：
(1) 说明语句 S1 的功能；
(2) 说明语句组 S2 的功能；

(3) 设链表表示的线性表为 $(a_1, a_2, \cdots, a_n)$，写出算法执行后的返回值所表示的线性表。

8. 下面程序段的功能是利用从尾部插入的方法建立单链表的算法，请在下画线处填上正确的内容。

```
typedef struct node {int data; struct node * next;} lklist;
void lklistcreate(_____ * &head)
{
    for (i=1;i<=n;i++)
    {
        p=(lklist *)malloc(sizeof(lklist));scanf("%d",&(p->data));p->next=0;
        if(i==1)head=q=p;else {q->next=p;_____;}
    }
}
```

9. 在链式存储结构上设计直接插入排序算法。

10. 设计在链式结构上实现简单选择排序算法。

11. 设单链表中有仅三类字符的数据元素（大写字母、数字和其他字符），要求利用原单链表中节点空间设计出三个单链表的算法，使每个单链表只包含同类字符。

12. 编写函数，将 L1、L2 合并为 L3。（L1、L2、L3 均为从小到大排列的有序表）
     void MergeLists(Node<T> * L1, Node<T> * L2, Node<T> * &L3);

13. 编写函数，统计键值(key)在表中出现的次数。
     template<class T>
     void CountKey(const Node<T> * head, T key);

14. 编写函数，删除键值为 key 的节点。
     template<class T>
     void DeleteKey(Node<T> * &head, T key);

15. 用复合法包含 LinkedList 对象，实现 Stack 类。

16. 通过维护一个 Node 对象的链表实现 Stack 类。

17. 编写函数，将头节点为 t 的循环链表接到头节点为 s 的循环链表中。
     template<class T>
     void Concat(CNode<T> &s, CNode<T> &t);

18. 编写函数，确定以 s 为头节点的循环链表中的元素个数。
     template<class T>
     void Length(CNode<T> &s);

19. 实现函数
     template<class T>
     void InsertOrder(CNode<T> * header, CNode<T> * elem);

将节点 elem 插入到一个循环链表中且使数据有序排列。

20. 编写双链节点成员函数。
     DNode<T> * DeleteNodeRight(void);
     DNode<T> * DeleteNodeLeft(void);

第 8 章　用类实现二叉树

本章将研究一种非线性结构,称之为"树",它由节点和叶子组成。树结构的特点是它是由唯一起始点"根"(root)开始的"节点"集合。图 8-1 中,节点 A 是根。如果用家族树的概念,一个节点可被看作"双亲",它指向 0 个、1 个或更多的被称作"孩子"的节点。例如,节点 B 是"孩子"E 和 F 的"双亲"。节点的"孩子"及这些"孩子"的"孩子"被称为"后代",节点的"双亲"和"祖辈"被称为"祖先"。例如,节点 E、F、I 和 J 是 B 的"子孙"。每个非根节点都有一个唯一的"双亲",而每个"双亲"可能没有也可能有多个子节点。没有"孩子"的节点,如 E、G、H、I、J,被称为"叶子"节点。

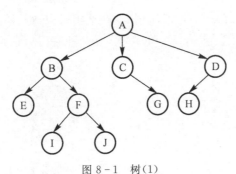

图 8-1　树(1)

树中的每个节点都是一棵"子树"的根。这个子树是由节点和节点的后代定义的。图 8-2 示意了图 8-1 中的树的 3 棵子树。节点 F 是包含节点 F、I 和 J 的子树的根。节点 G 是没有后代的子树的根。根据定义,也可以说节点 A 是以这棵树本身作为子树的根。

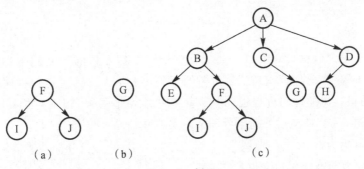

图 8-2　树(2)

从父节点移动到"孩子"和其他"后代"所经路线叫作"路径"。例如,在图 8-1 中,从根 A

到节点 G 的路径是从 A 到 C,从 C 到 G。由于每个非根节点只有一个"双亲",这就保证从任一节点到其"后代"之间只有唯一一条路径。从根到节点之间的路径可以提供一种被称作节点的"层次"这样的度量。节点的层次等于从根到节点之间路径的长度。根的层次为 0,根的每个"孩子"的层次为 1,下一层节点的层次为 2,以此类推。图 8-3 中,F 是路径长度为 2、层次为 2 的节点。

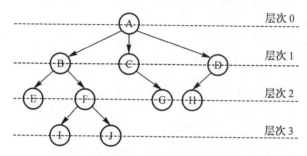

图 8-3 树的节点层次和路径长度

树的"深度"是树中所有节点层次中的最大值。深度的概念可以用路径来描述,树的深度是从根到节点之间最长路径的长度。图 8-3 中,树的深度为 3。

本章重点讨论一种特定的树,即"二叉树"。在这类树中,每个"双亲"的"孩子"数不超过两个(见图 8-4)。这些"二叉树"具有统一的结构,有多种遍历算法可供使用,并可提供对元素的高效访问。

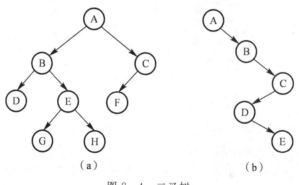

图 8-4 二叉树
(a)深度为 3;(b)深度为 4

在二叉树中,每个节点有 0 个、1 个或 2 个"孩子"。将左边的节点称作"左孩子",右边的节点称为"右孩子"。标记"左"或"右"是对树的形象化表示。二叉树是一种递归结构,每个节点都是其子树的根。树的访问过程很自然地就是一种递归过程。以下是二叉树的递归定义。

二叉树(见图 8-5)是满足下列条件的节点 B 的集合。

(1)如果节点集为空,B 是一棵树。(空树也是树)

(2)B 可划分为 3 个独立的子集。

{R}　　　　　　根节点

$\{L_1, L_2, \cdots, L_m\}$ 　R 的左子树

$\{R_1, R_2, \cdots, R_n\}$　R 的右子树

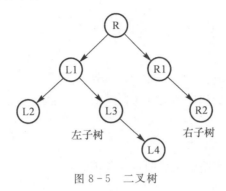

图 8-5　二叉树

在任一层次 n，二叉树可能包含 1 到 2^n 个节点。每一层的节点数决定了树的密度。直观上说，密度是相对于树的深度而言的，是对树的大小(节点数)的一种度量。图 8-4(a)所示的树包含了深度为 3 的 8 个节点，图 8-4(b)的树包含了深度为 4 的 5 个节点。后一种情况是特殊形式，其树被称为"退化树"，其中只有一个叶子节点(E)，每个非叶子节点只有 1 个孩子。一棵退化树等价于一个链表。

密度较大的树在数据结构上很重要，因为它们在接近树的顶部离根较近的地方集中了较大比例的元素数目。一棵致密的树可以存储大量数据并对这些项进行有效访问。快速访问是用树来存放数据的关键。

退化树是密度度量中的极端情况。另一种极端情况是深度为 N 的"完全二叉树"，其中从 0 到 N-1 各层的节点都是满的，而第 N 层的所有叶子节点占据树的最左边的位置。第 N 层包含 2^n 个节点的完全二叉树是一棵"满二叉树"。图 8-6 表示完全二叉树和满二叉树。

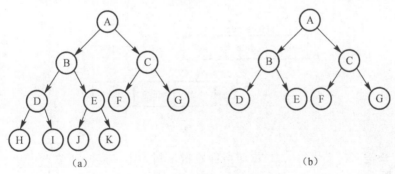

图 8-6　二叉树分类
(a)完全二叉树(深度为 3)；(b)满二叉树(深度为 2)

深度为 k 的完全二叉树和满二叉树具有一些有趣的数学特性。这两种树在第 0 层(根)都只有 $1(2^0)$ 个节点；在第 1 层有 $2(2^1)$ 个节点；在第 2 层有 $4(2^2)$ 个节点，依此类推，一直到 $k-1$ 层，总共有 2^k-1 个节点。

$$1+2+4+\cdots+2^{k-1}=2^k-1$$

在第 k 层，节点数在最小值 1 到最大值 2^k(满)之间。对于满树，节点数为：

$$1+2+4+\cdots+2^{k-1}+2^k=2^{k+1}-1$$

完全二叉树中的节点数 N 满足不等式：
$$2^k \leqslant N \leqslant 2^{k+1} - 1 < 2^{k+1}$$
对 k 求解，得到：
$$k \leqslant \log_2(N) < k + 1$$
例如，深度为 3 的满二叉树有 $2^4 - 1 = 15$ 个节点。

具有 5 个节点的树的最大深度为 4 [见图 8-4(b)]，而具有 5 个节点的树的最小深度为
$$k \leqslant \log_2(5) < k + 1$$
其中，$\log_2(5) = 2.32, k = 2$。

树的深度是从根到节点之间的路径的最大长度。对于具有 N 个节点的退化树，其最长路径长度是 $N - 1$。

对于具有 N 个节点的完全二叉树，树的深度是 $\log_2(N)$ 取整后的值。这也是从根到节点之间路径的最大长度值。假设完全二叉树有 $N = 10\ 000$ 个元素，最长路径是：
$$\text{int}(\log_2 10\ 000) = \text{int}(13.28) = 13$$

8.1 二叉树结构

二叉树结构是由节点生成的。和链表一样，这些节点包含数据域和指向集合中其他节点的指针。本节将定义树节点并提供能用来建立和遍历二叉树的操作。与第 7 章中的 Node 类的表示类似，定义类 TreeNode，然后再设计一系列用来建立二叉树和遍历各个节点的函数。

一个树节点（TreeNode）包含一个数据域和两个指针域，如图 8-7 所示。指针域被称为"左指针"（left）和"右指针"（right），因为它们分别指向节点的左、右子树。NULL 值表示一棵空树。

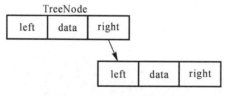

图 8-7 二叉树节点结构

根节点定义进入二叉树的入口点，而指针域指示树中下一层次的节点。叶子节点的左右指针均为 NULL。

1. 设计类 TreeNode

设计用来定义二叉树中节点对象的类 TreeNode。节点中的数据域是作为公有成员给出的，这样用户可以直接访问其值。客户程序在遍历树的时候就可以读取和更新数据并使得数据值的引用可以被返回。两个指针域是私有成员，它们可以由公有成员函数 Left 和 Right 访问。类 TreeNode 的声明和定义包含于文件"treenode.h"中。

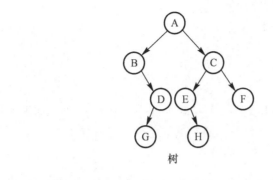

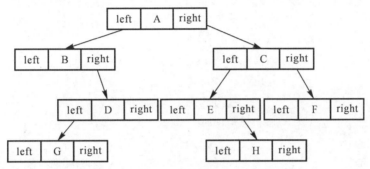

TreeNode结构

图 8-8 二叉树节点

2. 类 TreeNode 定义

//BinStree 依赖于 TreeNode
template <class T>
class BinSTree;
//为一个二叉树定义树的节点对象
template <class T>
class TreeNode
{
protected:
    //指向节点左右孩子的指针
    TreeNode<T> *left;
    TreeNode<T> *right;
public:
    //公有成员,允许外部修改的数据值
    T data;
    //构造函数
    TreeNode (const T& item, TreeNode<T> *lptr = NULL,
              TreeNode<T> *rptr = NULL);
    virtual ~TreeNode(void);
    //访问指针域的函数

```
        TreeNode<T> * Left(void) const;
        TreeNode<T> * Right(void) const;
        //由于 BinTree 需要访问节点的左右指针,将它设计为友元函数
        friend class BinSTree<T>;
};
```

构造函数初始化数据和指针域。用缺省指针 NULL 将节点初始化为叶子节点。构造函数以 TreeNode 指针 P 为参数,将 P 作为新节点的左孩子或右孩子。

3. TreeNode 类的实现

TreeNode 类初始化对象的域。构造函数以 item 为参数初始化数据域。指针将左、右孩子(子树)赋值给节点。当节点没有左孩子或右孩子时便用缺省值 NULL。

```
//构造函数,初始化节点的数据及指针域
//对于空子树,将其指针域赋值为 NULL
template <class T>
TreeNode<T>::TreeNode (const T& item, TreeNode<T> * lptr,
    TreeNode<T> * rptr): data(item), left(lptr), right(rptr)
{}
```

方法 Left 和 Right 返回左指针域和右指针域,可以访问节点的左右孩子。

(1)建立二叉树。一棵二叉树由通过指针域相连接的 TreeNode 对象的集合组成。TreeNode 对象是通过调用函数 new 动态建立的。

当调用函数 new 时,必须带一个数据值。如果同时传递一个 TreeNode 指针,则新分配的节点用指针连接孩子。定义函数 GetTreeNode,用给定数据值以及 0 个或多个 TreeNode 指针来分配和初始化二叉树的节点。如果内存不足,程序将给出错误信息并终止。

```
//创建左右指针域分别为 lptr 和 rptr 的对象 TreeNode
//指针的缺省值为 NULL
template <class T>
TreeNode<T> * GetTreeNode(Titem, TreeNode<T> * lptr = NULL,
                    TreeNode<T> * rptr = NULL)
{
    TreeNode<T> * p;
    //调用函数 new,创建新的节点
    //将参数 lptr 和 rptr 传递给函数
    p = new TreeNode<T> (item, lptr, rptr);
    //若内存不够,输出错误信息后退出程序
    if (p == NULL)
    {
        cerr << "Memory allocation failure! \n";
        exit(1);
    }
    //返回指针
    return p;
```

}

函数 FreeTreeNode 以 TreeNode 指针为参数,通过调用 C++函数 delete 释放相应节点的内存。

　　//释放与节点相连的动态内存
　　template <class T>
　　void FreeTreeNode(TreeNode<T> * p)
　　{
　　　　delete p;
　　}

以上两个函数都包含于文件"treelib.h"中。

(2)定义样本树。函数 GetTreeNode 可以用来明确定义树上的每个节点,从而也能定义整个树。为使用方便,本章编写函数 MakeCharTree 建立 3 棵树,其节点所含数据都是字符型。MakeCharTree 的参数包括树根的引用和一个指代树的参数 $n(0 \leqslant n \leqslant 2)$。以下声明建立一个被称为根的 TreeNode 指针并将其作为 Tree_2 的根。

　　TreeNode<char> * root;　　//定义 root 指针
　　MakeCharTree(root,2);//建立基于 root 的 Tree_2

图 8-9 中画出了用上述方法建立的 3 棵字符树。函数 MakeCharTree 的完整形式在文件"treelib.h"中。

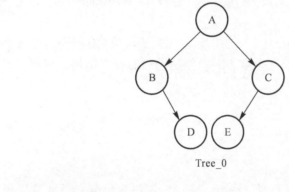

Tree_0

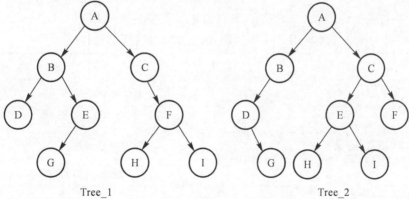

Tree_1　　　　　　　　　　　　Tree_2

图 8-9　用 MakeCharTree 建立的树

8.2 设计 TreeNode 函数

链表是一种线性结构,它允许用指针 next 去顺序遍历节点。因为树是一种非线性结构,所以不能用类似的遍历算法,只能从各种遍历算法中进行选择,常用的有前序、中序以及后序遍历。这些方法的依据都是二叉树的递归结构。

遍历算法是有效使用树的基础。先设计递归遍历算法,然后用它们编制打印树、复制和删除树以及确定树的深度的算法。本节将设计用队列存储节点的深度优先算法,从根开始逐层对树进行遍历,先到孩子的第一代,然后是第二代,如此进行下去。

实现遍历方法时要用到函数参数 visit,它用来访问节点数据,可以用函数参数指定遍历过程中每个节点处要发生的动作。

```
Template<class T>
    void<Traversal_Method>(TreeNode<T> * t, void visit (T& item));
```

每次调用遍历方法时,必须传递对节点中的数据实施动作的函数名。随着遍历过程从一个节点到另一个节点,函数被调用,动作被实施。

递归树的遍历:二叉树的递归定义规定二叉树的结构是由根和左、右子树组成的,其中左、右子树分别由根的左、右指针域所定义。每种树遍历算法都对一个节点实施 3 个动作:访问节点(N),递归遍历左子树(L)以及右子树(R)。转到子树以后,算法确定其节点并实施同样的 3 个动作。遇到空树(指针为 NULL)时遍历终止。各种递归算法的不同之处在于它们对节点实施动作的次序。

(1)中序遍历。中序遍历中的第 1 个动作是转到左子树以便遍历该子树中的节点。第 2 个动作是对节点的数据值进行处理。第 3 个动作是递归遍历右子树。这种遍历方法被称作 LNR(左、节点、右)。

中序遍历的操作次序如下:

①遍历左子树;

②访问节点;

③遍历右子树。

对于函数 MakeCharTree 中的树 Tree_0,假设"visit"输出节点中的数据域。中序遍历 Tree_0 时要执行的操作如表 8-1 所示,节点的遍历次序是 BDAEC。

表 8-1 中序遍历 Tree_0 时要执行的操作

动作	打印	观察
从 A 到 B,转到左子树		B 的左孩子为 NULL
访问 B	B	
从 B 到 D,转到右子树		D 是叶子节点
访问 D	D	A 的左子树访问完毕
访问根 A	A	
从 A 到 C,转到右子树		E 是叶子节点

续表

动作	打印	观察
从 C 到 E,转到左子树		
访问 E	E	
访问 C	C	完毕!

递归函数先递归访问节点的左子树[d->left],然后访问节点,最后再递归访问右子树[t->Right]。

```
//中序递归遍历树中各节点
template <class T>
void Inorder(TreeNode<T> *t, void visit(T& item))
{
    //当子树为空时,终止遍历
    if(t! = NULL)
    {
        Inorder(t — > Left , visit);//遍历左子树
        visit(t — > data);//访问节点
        Inorder(t — > Right , visit);//遍历右子树
    }
}
```

(2)后序遍历。后序遍历将对节点的访问推迟到递归访问左子树和右子树以后。这种操作次序被称为 LRN 遍历(左、右、节点)。

①遍历左子树;
②遍历右子树;
③访问节点。

后序遍历树 Tree_0 时要执行的操作如表 8-2 所示,节点的访问次序是 DBECA。

表 8-2 后序遍历树 Tree_0 时要执行的操作

动作	打印	观察
从 A 到 B,转到左子树		B 的左孩子为 NULL
从 B 到 D,转到右子树		D 是叶子节点
访问 D	D	B 的孩子访问完毕
访问 B	B	A 的左子树访问完毕
从 A 到 C,转到右子树		
从 C 到 E,转到左子树		E 是叶子节点
访问 E	E	C 的左孩子访问完毕
访问 C	C	A 的右孩子访问完毕
访问根 A	A	完毕!

函数自底向上对树进行遍历,先递归访问节点的左子树[t->Left],然后访问右子树,最后才访问节点。

```
//后序递归遍历树中各节点
template <class T>
void Postorder (TreeNode<char> * t, void visit(char& item))
{
    //子树为空时,终止遍历
    if (t ! = NULL)
    {
        Postorder (t->Left, visit);//遍历左子树
        Postorder (t->Right, visit);//遍历右子树
        visit(t->data);//访问节点
    }
}
```

(3)前序遍历。前序遍历则规定先访问节点,然后再遍历左右分支(NLR)。

三种遍历方式的不同之处在于对节点的访问时机,但对左子树的访问总是先于右子树。实际上在这3种算法之外也有先访问右子树再访问左子树的算法。树遍历算法允许访问树中所有节点。它们提供与顺序遍历数组或链表等价的算法。前序、中序和后序遍历函数包含于文件"treescan.h"中。

[例8-2-1] 对于字符树Tree_2,分别进行前序、中序和后序遍历。

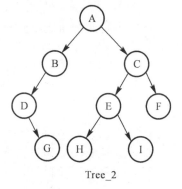

图8-10 字符树Tree_2

前序:ABDGCEHIF
中序:DGBAHEICF
后序:GDBHIEFCA
中序遍历Tree_2的输出结果由以下语句得到:

```
//visit函数输出节点数据值
void PrintChar(char& elem)
{
    cout << elem << " ";
}
TreeNode<char> * root ;
```

```
MakeCharTree(root, 2);//root 指向 Tree_2
//输出标题,然后遍历该树,用函数 PrintChar 来访问每个节点
cout << "Inorder:";
Inorder(root, PrintChar);
```

8.3 树遍历算法的使用

树遍历递归算法是许多树应用程序的基础。它们提供了对节点及其数据的有序访问。本节用遍历算法统计叶子节点数,计算树的深度以及打印一棵树。

1. 访问树节点

许多应用程序仅仅想遍历二叉树的节点而不关心遍历的次序。在这种情况下,程序自然选择任意一种遍历算法。在本例中,函数 CountLeaf 遍历树以统计叶子节点的数目,每识别出一个叶子节点,引用参数 LeafCount 增加 1。

```
//本函数用后序遍历法遍历树,访问函数判断节点是否为叶子节点
template <class T>
void CountLeaf (TreeNode<T> * t, int& count)
{
    //后序遍历
    if (t != NULL)
    {
        CountLeaf(t->Left, count);//遍历左子树
        CountLeaf(t->Right, count);//遍历右子树
        //检查节点 t 是否为叶子节点
        //若是,则定量 count 加 1
        if (t->Left == NULL && t->Right == NULL)
            count++;
    }
}
```

函数 Depth 用后序遍历计算二叉树的深度。它对每个节点都计算左、右子树的深度。节点的最终深度是其子树深度的最大值加 1。

```
template <class T>
int Depth (TreeNode<T> * t)
{
    int depthLeft, depthRight, depthval;
    if (t == NULL)
        depthval = -1;
    else
    {
        depthLeft= Depth(t->Left);
        depthRight= Depth(t->Right);
        depthval = 1 + (depthLeft> depthRight? depthLeft:depthRight);
    }
```

        return depthval;
    }

[例 8-3-1] 叶子计数和深度。用函数 CountLeaf 和 Depth 遍历字符树 Tree_2。leafCount 和 Depth 的值将被打印出来。完整程序见 prg8_3_1.cpp。

```
#include <iostream>
using namespace std;
//引入类 TreeNode 及库函数
#include "treenode.h"
#include "treelib.h"
void main()
{
    TreeNode<char> * root;
    //创建字符树 Tree_2
    MakeCharTree(root, 2);
    //叶子节点的计数,该值由函数 CountLeaf 改变
    int leafCount = 0;
    //调用函数 CountLeaf,计算叶子节点的数
    CountLeaf(root, leafCount);
    cout << "Number of leaf nodes is " << leafCount << endl;
    //调用函数 Depth 并输出树的深度
    cout << "The depth of the tree is " << Depth(root) << endl;
}
```

运行结果:

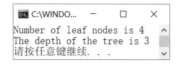

2. 树打印

树打印函数即建立逆时针旋转 90°后的图。图 8-11 画出了原始树 Tree_2 和打印出的树。因为打印机是逐行输出信息的,所以算法用 RNL 遍历,先输出右子树中的节点再输出左子树中的节点。对于 Tree_2 节点的打印次序是 F C I E H A B G D。

在函数 PrintTree 中,对节点的打印既涉及它的数据值又涉及它所在的层次。调用程序将根作为 0 层。每次递归调用 PrintTree 时都必须缩进到节点所在的层次。所用的格式是用 indentBlock * level 计算缩进的空格数,其中 indentBlock 是常数 6,表示每打印一个节点层次所需空出的空格数。若要打印一个节点则先缩进与其层次相对应的空格数,然后输出数据值。因为函数 PrintTree 用标准的 cout 流,操作符"<<"必须面向类型 T 定义。

PrintTree 的代码在文件"treeprint.h"中。

```
//层间空格数
const int indentBlock = 6;
//经当前行插入 num 个空格
void IndentBlanks(int num)
```

```
{
    for(int i = 0;i < num; i++)
        cout << " ";
}
//用右子树、节点、左子树顺序遍历并输出树
template <class T>
void PrintTree (TreeNode<T> * t, int level)
{
    //当t！= NULL 时,输出以 t 为根的树
    if (t ! = NULL)
    {
        //输出树 t 的右半部分
        PrintTree(t->Right,level + 1);
        //缩进到当前层；输出节点的数据
        IndentBlanks(indentBlock * level);
        cout << t->data << endl;
        //输出树 t 的左半部分
        PrintTree(t->Left,level + 1);
    }
}
```

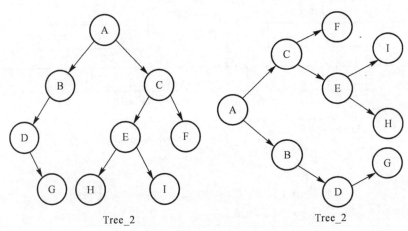

图 8-11　Printed Tree_2

3. 树的复制与删除

复制和删除整个树的函数将引入新的概念,并为开发一个需要析构函数和复制构造函数的树类作好准备。函数 CopyTree 以原始树为参数建立其复制品。Delete 则删除树中每个节点,包括根节点并释放节点所占内存。本书中,函数是针对一般二叉树编写的,其包含于文件"treelib.h"中。

(1)树的复制。函数 CopyTree 用后序遍历法访问树的节点。遍历次序可以确保能到达树的最大深度,然后进行访问操作,此操作用来产生新树的节点。CopyTree 函数自底向上建立一棵新树。函数先生成"孩子",然后当生成"双亲"时再把它们连接到"双亲"。这种方法与

函数 MakeCharTree 一起使用。例如,对于 Tree_0,操作次序如下。

  d=GetTreeNode('D');
  d=GetTreeNode('E');
  d=GetTreeNode('B',NULL,d);
  d=GetTreeNode('C',e,NULL);
  d=GetTreeNode('A',b,c);
  root=a;

  先生成"孩子"D,当它的"双亲"B产生后再将其连接到B上。类似地,先生成E,当其"双亲"C产生时再将E连接到C。最后生成根节点并将其连接到"孩子"B和C。

  树的复制算法从根开始先建立节点的左子树,然后再建立右子树。最后才能开始生成新节点。对树中每个节点执行的是相同的递归过程。对于原始树中的节点t,生成左右指针分别为newlptr和newrptr的新节点。

  在后序遍历中,"孩子"先于其"双亲"被访问。结果,建立了新树中与t->Left和t->Right相应的子树。当"双亲"生成时"孩子"被连接到双亲上。

  newlptr==CopyTree(t->Left);
  newrptr==CopyTree(t->Right);
  //生成双亲节点并与其孩子连上
  newnode=GetTreeNode(t->data,newlptr,newrptr)

生成复制树中新节点的过程也就构成了对原始树中节点t的访问,如图8-12所示。

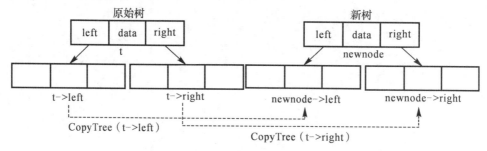

图8-12 树的复制

  字符树Tree_0为递归函数CopyTree提供一个范例。假设主程序定义了根root1和root2并生成了树Tree_0。函数CopyTree建立基于根root2的一棵新树,对算法进行跟踪并示意建立复制树中5个节点的事件,如图8-13所示。

  TreeNode<char> * root1, * root2; //定义两个根
  MakeCharTree(root1,0); //root1指向Tree_0
  Root2=CopyTree(root1); //创建Tree_0的复制品

  1)遍历节点A的后代:先到节点B所在的左子树,然后到节点D所在的B的右子树。用数据D以及值为NULL的左右指针建立新节点[见图8-14(a)]。

  2)节点B的孩子已经被遍历。用数值B建立新节点,其左孩子为NULL,右孩子为第1步中所得到的节点D[见图8-14(b)]。这就完成了对节点B的操作。

  3)一旦遍历完A的左子树,就开始遍历A的右子树并终止于节点E,生成数据值为E的新节点,其左、右指针都为NULL。

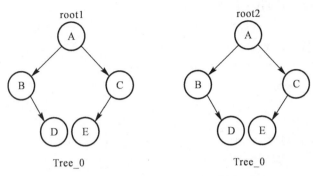

图 8-13　CopyTree 建立树

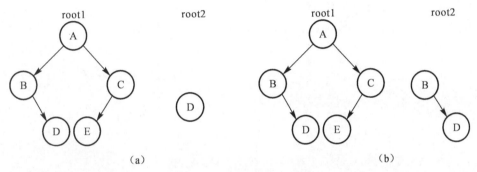

图 8-14　复制 A 的左子树

4) 处理完 E 后再转到其"双亲",生成一个新节点,其数据为 C、"右孩子"为 NULL、"左孩子"为节点 E[见图 8-15(a)]。

5) 最后一步在节点 A 处发生,或一个数据为 A、孩子分别为节点 B(左)和节点 C(右)[见图 8-15(b)]的新节点。至此,树复制完毕。

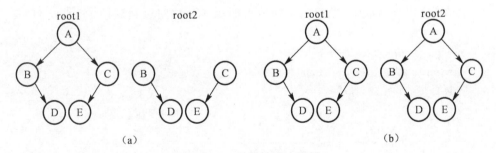

图 8-15　复制 A 的右子树

CopyTree 函数返回的是指向新生成的节点的指针。"双亲"要用此返回值复制自身节点并与其"孩子"连接。

```
//复制树 t 并返回新树的根
template <class T>
TreeNode<T> * CopyTree(TreeNode<T> * t)
{
    //变量 newnode 指向每个由调用 GetTreeNode 产生的新节点
```

```cpp
        //然后将这个节点连入新树 p
        //newlptr 和 newrptr 指向 newnode 的孩子节点
        //作为参数传给 GetTreeNode
        TreeNode<T> * newlptr, * newrptr, * newnode;
        //当树为空时终止递归
        if (t == NULL)
            return NULL;
        //CopyTree 通过遍历 t 的节点建立一棵新树,对 t 中每个节点
        //CopyTree 先检查其左孩子,若存在,则将其复制,否则返回 NULL
        //对右孩子也作类似处理
        //然后用 GetTreeNode 拷贝节点,并将左右孩子的复制点连上该节点
        if (t->Left ! = NULL)
            newlptr = CopyTree(t->Left);
        else
            newlptr = NULL;
         if (t->Right ! = NULL)
            newrptr = CopyTree(t->Right);
        else
            newrptr = NULL;
        //先创建孩子节点,然后创建双亲节点,自底向上地创建一棵新树
        newnode = GetTreeNode(t->data, newlptr, newrptr);
        //返回指向新创建节点的指针
        return newnode;
    }
```

(2)树的删除。当应用程序使用诸如树这样的动态结构的时候,由程序员负责回收树所占用的内存。对于一般的二叉树,编写了对节点进行后序遍历的函数 DeleteTree。这种操作次序可以确保在删除节点(双亲)之前先访问节点的孩子。访问过程调用 FreeTreeNode 删除节点。

```cpp
        newlptr==CopyTree(t->Left);
        newrptr==CopyTree(t->Right);
        void DeleteTree(TreeNode<T> * t)
        {
           if (t ! = NULL)
           {
              DeleteTree(t->Left);
              DeleteTree(t->Right);
              FreeTreeNode(t);
           }
        }
```

通用性更强的树清除例程删除节点并重置根。函数 ClearTree 调用 DeleteTree 释放节点然后将根节点赋值为 NULL。

        //调用函数 DeleteTree 释放所有节点

```cpp
//然后将根指针置为NULL
template <class T>
void ClearTree(TreeNode<T> * &t)
{
    DeleteTree(t);
    t = NULL;//此时根为NULL
}
```

[例8-3-2] CopyTree 和 DeleteTree。本程序以 Tree_0 为样本,生成一棵以 root2 为根的复制树。用后序遍历方法遍历新生成的树并将每个数据转化为小写。函数 PrintTree 打印树 root2 的最终数据。完整程序见 prg8_3_2.cpp。

```cpp
#include <iostream>
using namespace std;
#include <ctype.h>
#include <stdlib.h>
#include "treescan.h"
#include "treelib.h"
#include "treeprnt.h"
//用于在后序遍历中将字符数据值转换为小写字符
void LowerCase(char &ch)
{
    ch = tolower(ch);
}
void main()
{
    //指向原始树及复制树的指针
    TreeNode<char> * root1, * root2;
    //创建 Tree_0 并输出
    MakeCharTree(root1, 0);
    PrintTree (root1, 0);
    //拷贝到新树,其根为 root2
    cout << endl << "Copy:" << endl;
    root2 = CopyTree(root1);
    //后序遍历并输出树
    Postorder (root2, LowerCase);
    PrintTree (root2, 0);
}
```

运行结果:

```
        C
            E
A
            D
        B
Copy:
        c
            e
a
            d
        b
请按任意键继续...
```

4. 垂直树的打印

函数 PrintTree 生成一棵树的侧视图。在每一行都画出位于该层次的节点,用这种方法可以画出较大的树。本程序中,将开发实现 PrintVTree(垂直打印)函数的工具,介绍算法的设计。其实现方法在文件"treeprint.h"中。

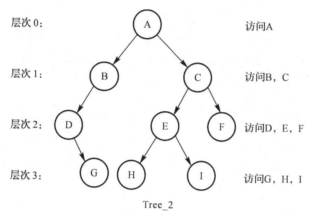

图 8-16 垂直打印树

函数 PrintVTree 需要一种从第 0 层的根开始对树节点逐层遍历的新的遍历算法。这种方法被称为广度优先遍历或层次遍历,它不再递归遍历子树,而是必须先访问同一层的所有节点(兄弟姐妹),然后才转到下一层。对于每个节点,将往队列中插入任一非空的左孩子和右孩子,这就保证可以按树的下一层的次序访问节点。字符树 Tree_2 演示了算法。

(1)逐层遍历算法。

初始化步骤:将根节点插入到队列中。

递归步骤:

    队列为空时过程终止。

    将头节点 p 从队列中删除并打印其数据值。

    用该节点去标识位于树的下一层的孩子。

    if(p->Left ! = NULL)//检查左孩子

      Q.QInsert(p->Left);

  if(p->Right ! = NULL)//检查右孩子

    Q.QInsert(p->Right);

[**例 8-3-3**] 树 Tree_0 的层次遍历算法(见图 8-17)。

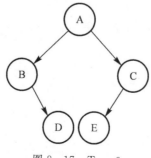

图 8-17 Tree_0

初始化:将节点 A 插入到队列中。
① 从队列中删除节点 A；
打印 A；
将 A 的孩子插入到队列中。
　　左孩子＝B
　　右孩子＝C

A			

② 从队列中删除节点 B；
打印 B；
将 B 的孩子插入到队列中。
　　右孩子＝D

B	C		

③ 从队列中删除节点 C；
打印 C；
将 C 的孩子插入到队列中。
　　左孩子＝E

C	D		

④ 从队列中删除节点 D；
打印 D；
D 没有孩子。

D	E		

⑤ 从队列中删除节点 E；
算法终止。队列为空。

E			

```
//广度优先法遍历树并访问每个节点
template <class T>
void LevelScan(TreeNode<T> * t, void visit(T& item))
//void LevelScan(TreeNode<char> * t, void visit(char& item))
{
    //将每个节点的左、右孩子存入队列中,使得它们在访问树的
    Queue<TreeNode<T> * > Q;//下一层次时可被顺序访问
    TreeNode<T> * p;
    //通过插入根来初始化队列
    Q.QInsert(t);
    //继续进行以下处理,直到队列为空
    while(! Q.QEmpty)
```

```
    {
        //删除首节点并执行访问函数
        p = Q.QDelete;
        visit(p->data);
        //若左孩子存在,将其插入队列中
        if(p->Left ! = NULL)
            Q.QInsert(p->Left);
        //若右孩子存在,将其插入到左孩子后边
        if(p->Right ! = NULL)
            Q.QInsert(p->Right);
    }
}
```

(2) PrintVTree 算法。需要传递给垂直打印函数的参数有树的根、所有数据值的最大宽度以及屏幕的宽度。

```
void PrintVTree(TreeNode<T> * t,int dataWidth,int screenWidth)
```

宽度参数能对屏幕输出进行安排。为了说明这一点,假设 dataWidth 是 2,而 screenWidth 为 $64(2^6)$。宽度为 2 的幂次方使得可以逐层对数据的组织进行描述。因为不能确定树的结构,所以假定空间可以容纳完全二叉树。假设节点是在坐标(level, indentedSpaces)处画出:

第 0 层:根在(0,32)处画出。

第 1 层:因为根节点缩进(偏移)了 32 个空格,所以下一层的偏移量(offset)为 $32/2=16=$ screenWidth/2^2。第 1 层的两个节点的位置分别为(1,32- offset)和(1,32+offset),即(1,16)和(1,48)。

第 2 层:第 2 层的偏移量(offset)为 S=screenWidth/2^3。第二层的 4 个节点的位置分别为(2,16-offset),(2,16+offset),(2,48-offset)和(2,48+offset),即(2,8),(2,24),(2,42)和(2,56)。

第 i 层:第 i 层的偏移量(offset)为 screenWidth/2^i+1。第 i 层的每个节点的位置是访问第 $i-1$ 层其双亲节点时确定的。假设其双亲位置是($i-1$,parentPos),若其第 i 层的节点是左孩子,那么它的位置是(i,parentPos-offset);若是右孩子则位置为(i,parentPos+offset)。

PrintVTree 用两个队列和广度优先遍历遍历树中的节点。队列 Q 中存放节点,而队列 QI 中则记录类型 Info 存放节点的层次和打印位置。当节点被加入到 Q 中时,相应的打印信息也被存储到 QI 中。在节点访问期间,这些项被相继删除。

```
//存放 PrintVTree 中节点坐标(x,y)的记录
struct Info
{
    int xIndent ,yLevel;
};
//存放节点及节点打印信息的队列
Queue<TreeNode<T> * > Q;
Queue<Info> QI;
```

[**例 8 - 3 - 4**] 垂直打印。程序分别在宽度为 30 个字符的页面和 60 个字符的页面上打印字符树 Tree_2。输出的 dataWidth 值为 1。完整程序见 prg8_3_4.cpp。

```
#include <iostream>
using namespace std;
#include <iomanip>
//从树的打印库中引入 PrintVTree
#include "treelib.h"
#include "treeprnt.h"
void main()
{
    TreeNode<char> * root;//定义一个字符树
    MakeCharTree(root, 2);//将 Tree_2 赋给 root
    cout << "Print tree on a 30 character screen" << endl;
    PrintVTree(root,1, 30);
    cout << endl << endl;
    cout << "Print tree on a 60 character screen" << endl;
    PrintVTree(root,1, 60);
    cout << endl;
}
```

运行结果：

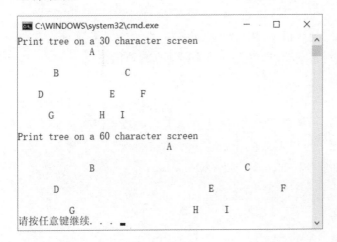

8.4 二叉搜索树

一棵普通的二叉树中可以存放大量的数据,且在需要增加、删除或查找数据项时能提供快速访问。建立集合类是树的最重要的应用之一。读者都熟知用 SeqList 类(顺序表类)及其数组或链表来构造一般集合类时所碰到的问题。SeqList 类中包含方法 Find,它用来进行顺序查找。对于线性结构,其算法复杂度为 $O(N)$,这对于大的集合来说,缺乏效率。一般来说,树结构可以显著地改善搜索的性能,因为到达一个数据的路径最长不超过树的深度。搜索性能最优的是完全二叉树,其算法复杂度为 $O(\log_2 N)$。例如,对于一个含 10 000 个元素的表,用顺序搜索法查找一个元素的预期比较次数是 5 000,而在一棵完全二叉树上进行同样的搜索,需要进行的比较不会超过 14 次。以二叉树实现表结构可以给搜索带来极大的好处。使用线性链表和二叉树进行查找的比较如图 8-18 所示。

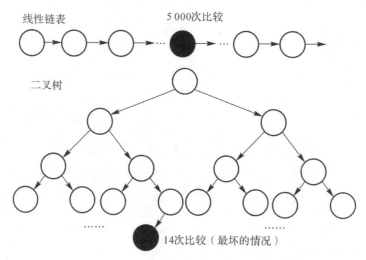

图 8-18　线性链表和二叉树查找比较

为了将元素存储在树中以供有效访问,必须设计一种可以标识到达元素的路径的搜索结构。这种结构被称作二叉搜索树,它用关系运算符"＜"对元素进行排序。为了比较树中的节点,可以将数据域的整体或部分指定为键值,每当树中添加一项,"＜"运算符都要将其与键值进行比较。二叉搜索树构成规则:对每个节点,其左子树中的数据值都小于节点值,而右子树中的数据值都大于或等于节点值。

图 8-19 所示为二叉搜索树的一个例子。这棵树之所以称作"搜索树",是因为可以沿着一条特定路径去查找一个元素(key)。从根开始,如果键值小于当前节点值则遍历左子树,否则遍历右子树。树的生成方法决定了可以沿从根开始的最短的路径搜索一个元素。例如,搜索 37,由根开始需作 4 次比较。搜索过程如表 8-3 所示。

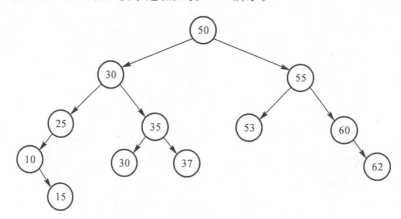

图 8-19　二叉搜索树

表 8-3 搜索过程

当前节点	动作
根=50	比较键值 37 和 50,因为 37<50,故遍历左子树
节点=30	比较 37 和 30,因为对 37≥30,故遍历右子树
节点=35	比较键值 37 和 35,因为 37≥35,故遍历右子树
节点=37	比较键值 37 和 37。找到数据项

1. 二叉搜索树节点中的键值

数据域中的键值起识别节点的标志作用。在许多应用场合,数据是具有若干独立域的记录。在这种情况下,键值是其中一个域值。例如,社会保险号(ssn)就是用来标识大学生的键值。

社会保险号 ssn (9 字符串)	学生姓名 (字符串)	平均等级分 GPA (浮点数)

```
struct Student
{
    string ssn;
    string name;
    float gpa;
};
```

键值可以是数据的整体或部分。在图 8-20 中,树节点中所包含的是单纯的整数值,这个值就是键值。在这种情况下,节点 25 的键值是 25,要比较两点只须比较它们的整数值。整数关系运算符"<"和"=="实施比较操作。对于大学生,键值是 ssn,要比较的是两个串值,这可以由重载运算符完成。例如,以下代码对两个 Student 对象进行"<"运算:

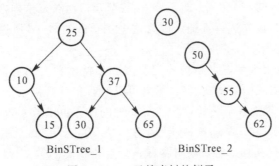

图 8-20 二叉搜索树的例子

```
int operator<(const Student& s,const Student& t)
{
    return s.ssn<t.ssn;//比较 ssn 的值
}
```

在应用过程中,键值和数据有多种对应关系,而在例子中只使用键值与数据值相同的简单格式。

2. 二叉搜索树的操作

二叉搜索树是用来存放数据表的一种非线性结构。与任何表结构一样,树也必须能够插入、删除和查找元素。搜索树要求插入操作可以正确地对新元素进行定位。如图 8-21 所示,考察将节点 8 增加到 BinSTree_1 中的情况。从根节点 25 开始,8 必须在 25 的左子树上(8<25)。在节点 10 处,8 必须位于 10 的左子树上,而此时左子树正为空,节点 8 作为节点 10 的左孩子被加到树中。

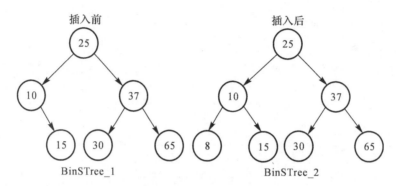

图 8-21 树中插入节点

每个节点都沿特定的路径加入到树中,同样的路径也可以用来搜索元素。查找算法以键值为参数沿路径搜索每个节点的左右子树。例如,在图 8-21 所示的树 BinSTree_1 中,若要查找元素 30,则从根节点 25 进入到右子树(30≥25),然后再进入左子树(30<37)。搜索在第 3 次比较时终止,因为这时键值等于节点值 30。

在链表操作中,删除操作将节点从链中断开并将其前驱与下一个节点连结上。在二叉树中进行类似操作要更复杂,这是因为删除一个节点可能会破坏树中元素的排序。考虑从 BinSTree_1 中删除根 25 的问题。首先是它产生了两个互不相连的子树,这些子树需要一个新根。

读者可能会选择 25 的一个孩子,即 37 来代替双亲。但若是这样,节点与根的位置关系就会发生错位,因而这种解决办法行不通。因为这个例子相对较小,所以可以找出 15 或 30,以有效地替代根节点。

定义 BinSTree 类:用带动态表结构的类实现二叉搜索树。因此类中应有标准的析构函数、复制构造函数以及重载的赋值运算符,后者可以对对象进行初始化并执行赋值语句。析构函数负责在对象的作用域关闭后清除整个表。类似的任务由函数 ClearList 完成。析构函数、赋值运算符以及 ClearList 方法要调用私有方法 DeleteTree。还有一个私有方法,即 CopyTree,它可用于复制构造函数和重载的赋值运算符。类的定义程序见"bstree.h"。

BinSTree 定义

```
#ifndef BINARY_SEARCH_TREE_CLASS
#define BINARY_SEARCH_TREE_CLASS
#include <iostream>
using namespace std;
#include <stdlib.h>
```

```cpp
#ifndef NULL
const int NULL = 0;
#endif//NULL
#include "treenode.h"
template <class T>
class BinSTree
{
    protected:
        //指向树根及当前节点的指针
        TreeNode<T> * root;
        TreeNode<T> * current;
        //树中数据项个数
        int size;
        //申请/释放内存
        TreeNode<T> * GetTreeNode(const T& item, TreeNode<T> * lptr,
                                  TreeNode<T> * rptr);
        void FreeTreeNode(TreeNode<T> * p);
        //用于拷贝构造函数及赋值运算符
        TreeNode<T> * CopyTree(TreeNode<T> * t);
        //用于析构函数、赋值运算符及ClearList函数
        void DeleteTree(TreeNode<T> * t);
        //在函数Find和Delete中用来定位节点及其双亲在树中的位置
        TreeNode<T> * FindNode(const T& item, TreeNode<T> * & parent) const;
    public:
        //构造函数,析构函数
        BinSTree(void);
        BinSTree(const BinSTree<T>& tree);
        ~BinSTree(void);
        //赋值运算符
        BinSTree<T>& operator=(const BinSTree<T>& rhs);
        //标准的表处理函数
        int Find(T& item);
        void Insert(const T& item);
        void Delete(const T& item);
        void ClearList(void);
        int ListEmpty(void) const;
        int ListSize(void) const;
        //树的特殊函数
        void Update(const T& item);
        TreeNode<T> * GetRoot(void) const;
};
```

类中含有受保护的数据成员。对类的受保护的访问在功能上与私有访问是等价的。变量root指向树的根节点。另一指针叫current,它指向最近一次表更新所发生的位置。例如,current

指向 Insert 操作后新加入项所在位置;Find 方法使得 current 指向与数据项匹配的节点值。

BinSTree 类中含有两个树所特有的操作。Update 将新数据项赋值给树中的当前位置,如果它与当前位置键值不匹配,则将新数据项添加到树中。GetRoot 方法提供对树根的访问。用户可以用一指针访问库文件"treelib.h""treescan.h"和"treeprint.h"。这就将类的功能扩展至包括许多树算法,PrintTree 亦包含在内。

8.5 二叉搜索树的使用

类 BinSTree 是用于动态表处理的一种有效数据结构。本章的实例研究是建立单词索引,这个程序示范了搜索树的典型应用。本节将论述几个体现搜索树应用的简单程序。

1. 定义样本搜索树

在 8.1 节中,用函数 MakeCharTree 生成带字符数据的二叉树。类似地,函数 MakeSearchTree 用 Insert 方法建立带整型数据的二叉搜索树。如图 8-22 所示,树 SearchTree_0 用 BinSTree 类型的对象 T 以及预定义数组 arr0 中的 6 个元素项建立一棵树。

```
int arr0[6]={30,20,45,5,10,40};
for (i=0;i<6;i++)
    T.Insert(arr0[i]);//往树中插入一个元素
```

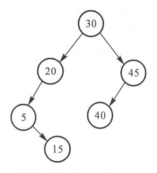

图 8-22 SearchTree_0

在图 8-23 中,MakeSearchTree 分别建立了一棵含有 8 个元素以及含有 10 个其值在 10~99 之间的随机数的树。函数参数包括 BinSTree 对象以及用来标识树的参数 type。MakeSearchTree 的代码位于文件"makesrch.h"中。

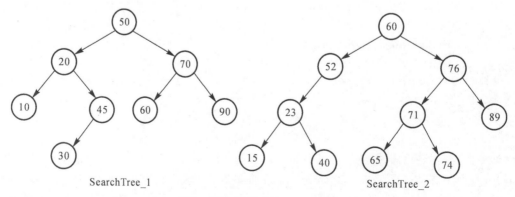

图 8-23 MakeSearchTree 树

中序遍历二叉树的算法先访问节点的左子树,然后访问节点,最后访问右子树。如果将这种方法应用于二叉搜索树,则对节点的访问按已排好的次序进行。当前节点的左子树中的所有节点的数据值都小于当前节点的值,而右子树中的所有节点的值都大于或等于当前节点的值。对二叉树的中序遍历可以确保对每个节点先访问位于左子树中的值较小的节点,然后再访问位于右子树中的具有较大值的节点。最终结果按从小到大的次序对节点进行遍历。

[例 8-5-1] 使用二叉树,用函数 MakeSearchTree 建立含以下值的二叉搜索树 SearchTree_1。

$$50,20,45,70,10,60,90,30$$

通过方法 GetRoot 可以获得对根的访问,进而可以调用 PrintVTree。GetRoot 还使得能够以函数 PrintInt 为参数调用 Inorder 按升序打印各数据项。程序最后删除数据项 50 和 70 并重新打印出树。完整程序见 prg8_5_1.cpp。

```
#include <iostream>
using namespace std;
#include <iomanip>
#include "makesrch.h"  //引入函数 MakeSearch
#include "treescan.h"  //引入函数 Inorder
#include "treeprnt.h"  //引入函数 PrintVTree
#include "bstree.h"    //使用类 BinSTree
//输出整数值,供函数 Inorder 使用
void PrintInt(int& item)
{
    cout << item << "  ";
}
void main()
{
    //定义一个整型数据的树
    BinSTree<int> Tree;
    //建立搜索树 #1,并输出,树的宽度为 40 个字符
    MakeSearchTree(Tree, 1);
    PrintVTree(Tree.GetRoot, 2, 40);
    //中序遍历树,按升序访问数据值
    cout << endl << endl << "Sorted List: ";
    Inorder (Tree.GetRoot, PrintInt);
    cout << endl;
    cout << endl << "Deleting data values 70 and 50." << endl;
    Tree.Delete(70);
    Tree.Delete(50);
    PrintVTree(Tree.GetRoot, 2, 40);
    cout << endl;
}
```

运行结果:

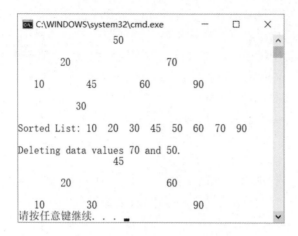

2. 重复的节点

二叉搜索树中可能有重复的节点。在 Insert 操作中，当新数据项与当前节点值相匹配时，还应继续遍历右子树。最终，重复的节点应位于匹配节点的右子树上。例如，图 8-24 所示的树是由 50 70 25 90 30 55 25 15 25 生成的。

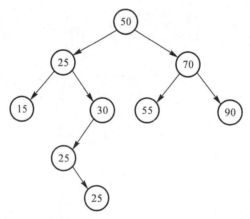

图 8-24 有重复节点的树

许多应用中并不允许重复节点存在，而是在数据结构中设一域对数据项的出现次数进行计数。这就是记录单词所在行的行号的索引（concordance）的原理。处理重复出现的单词的方法不是多次将单词加入到树中，而是在行号表中放置多个项。例 8-5-2 中示意了一种直接将重复计数值作为单独数据项的方法。

[**例 8-5-2**] 重复次数计数。记录 IntegerCount 中包含一个整数变量 number 以及用来存储表中整数出现频率的 count。number 域作为键值，重载运算符"<"和"=="使得可以对两个 IntegerCount 记录进行比较。Find 和 Insert 函数中将用到这两个运算符。

程序在 0～9 范围内产生 100 000 个随机数并将每个值都与一个 IntegerCount 记录相关联。Find 方法先确定一个数是否已经在树中，如果是，则 count 域增 1 并更新记录；否则，往树中插入一个新记录。程序最后对树进行中序遍历，将各个数值及其计数打印出来。在随机访问的情况下，0～9 之间的每一项出现的可能性是相同的。因此，每项应该会出现 10 000 次左右。IntegerCount 记录及其运算符在文件"intcount.h"中。

```cpp
#include <iostream>
using namespace std;
#include "intcount.h"//定义 IntegerCount 记录
#include "bstree.h"//引入类 BinSTree
#include "treescan.h"//引入函数 Inorder
//供 Inorder 调用输出 IntegerCount 记录
void PrintNumber(IntegerCount& N)
{
    cout << N.number << ':' << N.count << endl;
}
void main()
{
    //定义一个存放 IntegerCount 记录值的树
    BinSTree<IntegerCount> Tree;
    long n;
    IntegerCount N;
    //生成 100 000 个范围为 0~9 的随机整数
    for(n=0;n<100000L;n++)
    {
        N.number = rand()%10;
        //在树中搜索键值
        if (Tree.Find(N))
        {
            //找到键值,使 count 值加 1 并修改该节点
            N.count++;
            Tree.Update(N);
        }
        else
        {
            //当该键值第一次出现时,将其 count 值赋值为 1 后插入树中
            N.count = 1;
            Tree.Insert(N);
        }
    }
    Inorder(Tree.GetRoot,PrintNumber);//按键值域中序遍历输出记录
}
```

运行结果:

```
0:10072
1:10005
2:9954
3:10132
4:10007
5:10045
6:9869
7:9959
8:9953
9:10004
请按任意键继续. . .
```

8.6 BinSTree 的实现

类 BinSTree 定义的是具有基本的插入、删除和查找数据项操作的非线性表。除了表处理方法之外,内存管理操作在类实现中也占重要位置。私有方法 CoPyTree 和 DeleTree 被构造函数、析构函数和赋值运算符用来分配和回收表节点。

1. 类 BinSTree 的数据成员

二叉搜索树是由用来启动 Insert,Find 和 Delete 操作的指针 root 所定义的。类 BinSTree 中包含数据成员 root,它是一个树节点指针,其初值为 NULL 并指向树的根节点。程序可以调用 GetRoot 得到 root 的值,接下来就可以调用遍历和打印函数。第 2 个指针 current 记录的是树中进行更新的位置。Find 操作指令 current 指向匹配节点,而 Update 则用该指针修改表中数据。Insert 和 Delete 方法令 current 指向新节点或替代节点。BinSTree 对象作为一个表,其大小不断被 Delete 和 Insert 方法改变。表中现有的数据项个数记录在私有数据成员 size 中。

```
//指向树根及当前节点的指针
TreeNode<T> * root;
TreeNode<T> * current;
//树中元素个数
int size;
```

2. 内存管理

在 Insert,Delete 方法以及实用函数 CopyTree 和 DeleteTree 中,对节点的分配和回收是由 GetTreeNode 和 FreeTreeNode 实现的。GetTreeNode 是根据文件"treelib.h"中的函数建立的,它用来分配内存、初始化节点的数据和指针域。FreeTreeNode 直接调用 delete 运算符释放内存。

3. 构造函数、析构函数以及赋值运算

类中构造函数用来初始化数据成员。复制构造函数和重载的赋值运算符用私有方法 CopyTree 生成与当前对象相同的新二叉树。在 8.3 节中已经实现了 TreeNode 类的 CopyTree 算法,本节将实现从树中删除节点的算法。在 BinSTree 类中它由 DeleteTree 实现,在析构函数和 ClearList 方法中都要用到。

重载的赋值运算符将右边的对象复制到当前对象。在证实对象不是给自己赋值以后,函数清除当前树并用 CopyTree 建立运算符右侧(rhs)对象的副本。指针 current 被赋值给 root 指针,表的大小(size)被复制,返回值为当前对象的引用。

```
//赋值运算符
template <class T>
BinSTree<T>& BinSTree<T>::operator=(const BinSTree<T>& rhs)
{
    //不能将树复制到自身
    if(this == &rhs)
```

```
        return * this;
    //清除当前树,将新树复制到当前对象
    ClearList;
    root = CopyTree(rhs.root);
    //将 current 指针指向 root 并设置树的 size 值
    current = root;
    size = rhs.size;
    //返回当前对象的指针
    return * this;
}
```

4. 表操作

Find 和 Insert 方法从根开始在树中走过唯一的路径。根据二叉搜索树的定义,当键值或新数据项大于或等于当前节点值时,算法遍历右子树;否则算法遍历左子树。

(1) Find 操作。Find 操作用的是私有成员函数 FindNode,它需要一个键值作参数以便在树中进行遍历查找。查找操作返回的是指向匹配点的指针以及指向双亲的指针。如果匹配发生在根节点处,则双亲指针为 NULL。

```
        //在树中搜索数据,若找到则返回地址及指向其双亲的指针;否则返回 NULL
        template <class T>
        TreeNode<T> * BinSTree<T>::FindNode(const T& item,
                                            TreeNode<T> * & parent) const
        {
            //用指针 T 从根开始遍历树
            TreeNode<T> * t = root;
            //根的双亲为 NULL
            parent = NULL;
            //若子树为空,则循环结束
            while(t ! = NULL)
            {
                //若找到键值则退出
                if (item == t->data)
                    break;
                else
                {
                    //修改双亲指针,并移到左子树或右子树
                    parent = t;
                    if (item < t->data)
                        t = t->left;
                    else
                        t = t->right;
                }
            }
```

```
        //返回指向节点的指针;若没找到,则返回 NULL
        return t;
}
```

有关双亲的信息是供 Delete 操作使用的。对于 Find,仅关心将 current 指向匹配的节点位置并将节点的数据值赋值给引用参数 item。Find 方法用返回值 True(1)或 False(0)表示搜索是否成功。Find 需要用关系运算符"=="和"<"来比较节点中的数据。如果数据类型不在其定义范围内,则运算必须重载。

```
        //在树中搜索 item,若找到,则将节点数据赋给 item
        template <class T>
        int BinSTree<T>::Find(T& item)
        {
            //使用 FindNode,它需要 parent 参数
            TreeNode<T>  * parent;
            //在树中搜索 item,将匹配的节点赋给 current
            current = FindNode (item, parent);
            //若找到,则将数据赋给 item 并返回 True
            if (current ! = NULL)
            {
                item = current->data;
                return 1;
            }
            else
            //在树中没找到 item,返回 False
                return 0;
        }
```

(2) Insert 操作。Insert 方法以新数据项为参数对树进行搜索以找到合适的位置将其添加到树中。函数反复遍历左右子树中的路径直到找到插入点的位置。对于路径中的每一步,算法都记录下当前节点(称作 t)以及当前节点的双亲(称作 parent)。整个过程在识别出空子树(t==NULL)后终止,表示已经找到插入新数据项的位置。此时将新节点作为双亲的孩子插入到该位置。例如,用下面的步骤将 32 插入到图 8-25 所示的树中。

1) 整个操作从根节点开始,先比较数据项 32 和根的值 25[见图 8-25(a)]。因 32≥25,故遍历右子树,视点转到节点 35 上。

t 是节点 35,而 parent 是节点 25。

2) 35 是其子树的根。将 32 和 35 比较后选择遍历 35 的左子树[见图 8-25(b)]。

t 是 NULL,parent 是节点 35。

3) 用 GetTreeNode 可以生成含数据值 32 的叶子节点。新节点作为节点 35 的左孩子被插入到树中[见图 8-25(c)]:

```
            //由于 BinSTree 是 TreeNode 的友类,赋值是可以的
            newNode = GetTreeNode(item,NULL,NULL);
            parent->left = newNode;
```

指针 parent 和 t 是局部变量,在沿路径遍历以寻找插入点的过程中,它们的值也随之发生变化。

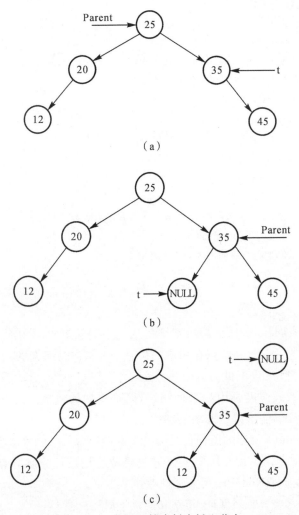

图 8-25 往二叉搜索树中插入节点

```
//往查找树中插入数据项
template <class T>
void BinSTree<T>::Insert(const T& item)
{
    //t 为遍历过程中的当前节点,parent 为前一节点
    TreeNode<T> *t = root, *parent = NULL, *newNode;
    //若子树为空,则退出循环
    while(t != NULL)
    {
        //修改 parent 指针,然后往左或往右
        parent = t;
        if (item < t->data)
```

```
                    t = t->left;
                else
                    t = t->right;
            }
            //创建新的叶子节点
            newNode = GetTreeNode(item,NULL,NULL);
            //若 parent 为 NULL,则将其作为根节点插入
            if (parent == NULL)
                root = newNode;
            //若 item < parent->data,则将其作为左孩子插入
            else if (item < parent->data)
                parent->left = newNode;
            else
            //若 item >= parent->data,则将其作为右孩子插入
                parent->right = newNode;
            //current 赋值为新节点的地址并将 size 加 1
            current = newNode;
            size++;
        }
```

(3) Delete 操作。Delete 操作根据给定键值从树中删除节点。删除过程的第 1 步是调用实用方法 FindNode,它可以找到节点在树中的位置以及指向其双亲的指针。如果在表中未找到该项,则 Delete 操作什么也不做而返回。

从树中删除节点的操作需要用一系列测试,以确定如何将节点的孩子重新连接到树上。重新连接子树以后必须仍能维持二叉树的结构。

调用函数 FindNode 所得到的返回值是指针 DnodePtr,它指向要删除的节点 D,另一指针 PNodePtr 指向已删除的节点双亲 P,Delete 方法要做的是寻找替换节点,R 连接双亲节点以代替被删除的节点,变量 RNodePtr 用来标识替换节点 R。

```
            //完成到双亲节点的连接,删除根节点,并给新根赋值
            if (PNodePtr == NULL)
                root = RNodePtr;
            //将 R 连到 P 的正确一支上
            else if (DNodePtr->data < PNodePtr->data)
                PNodePtr->left = RNodePtr;
            else
                PNodePtr->right = RNodePtr;
```

也可以不用以 R 代替 D 连接到树中的方法,而代之以 D 不动,将 R 中的数据复制到 D 中的方法。但如果数据对内存的消耗量较大,这种操作就不太合适。现有的方法只需更改两个指针。

```
            //若 item 在树中,将其删除
            template <class T>
            void BinSTree<T>::Delete(const T& item)
```

```cpp
{
    //DNodePtr = 指向被删除节点 D 的指针
    //PNodePtr = 指向节点 D 的双亲节点 P 的指针
    //RNodePtr = 指向替换 D 的节点 R 的指针
    TreeNode<T> *DNodePtr, *PNodePtr, *RNodePtr;
    //搜索数据值为 item 的节点,并保存该节点的双亲节点的指针
    if ((DNodePtr = FindNode (item, PNodePtr)) == NULL)
        return;
    //若 D 有一个指针为 NULL,则替换节点为其另一支的某一节点
    if (DNodePtr->right == NULL)
        RNodePtr = DNodePtr->left;
    else if (DNodePtr->left == NULL)
        RNodePtr = DNodePtr->right;
    //DNodePtr 的两个指针均不为 NULL
    else
    {
        //寻找并卸下 D 的替换节点,从 D 的左子树开始
        //找数据小于 D 的最大值
        //将该节点从树中断开
        //PofRNodePtr = 指向替换节点双亲的指针
        TreeNode<T> *PofRNodePtr = DNodePtr;
        //第一种可能的替换为 D 的左孩子
        RNodePtr = DNodePtr->left;
        //从 D 的左孩子的右子树继续往下搜索最大值
        //并记录当前节点及其双亲节点的指针
        //最后,将找到替换节点
        while(RNodePtr->right != NULL)
        {
            PofRNodePtr = RNodePtr;
            RNodePtr = RNodePtr->right;
        }
        if (PofRNodePtr == DNodePtr)
            //被删除节点的左孩子为替换节点,将 D 的右子树赋给 R
            RNodePtr->right = DNodePtr->right;
        else
        {
            //至少往右子树移动了一个节点,从树中删除替换节点
            //将其左子树赋给其双亲
            PofRNodePtr->right = RNodePtr->left;
            //用替换节点代替 DNodePtr
            RNodePtr->left = DNodePtr->left;
            RNodePtr->right = DNodePtr->right;
```

```
            }
        }
        //完成到双亲节点的连接,删除根节点,并给新根赋值
        if (PNodePtr == NULL)
            root = RNodePtr;
        //将 R 连到 P 的正确一支上
        else if (DNodePtr->data < PNodePtr->data)
            PNodePtr->left = RNodePtr;
        else
            PNodePtr->right = RNodePtr;
        //释放被删节点内存并将树的大小减 1
        FreeTreeNode(DNodePtr);
        size--;
    }
```

（4）树更新方法。在进行 Find 操作后,用户可能希望更新当前节点的数据域。为此提供了需要带一个数据值参数的方法 Update。如果当前节点有定义（非空）,Update 将当前节点值与所给数据值比较,若相等则对节点进行更新操作。如果当前节点未定义或数据项不匹配,则将新数据值插入到树中。

```
    //若当前节点已定义且数据值与给定数据值相等,则将节点值赋给 item
    //否则将 item 插入到树中
    template <class T>
    void BinSTree<T>::Update(const T& item)
    {
        if (current != NULL && current->data == item)
            current->data = item;
        else
            Insert(item);
    }
```

8.7 实例研究:索引

文本分析中经常碰到的一个问题是确定单词在文档中出现的频率和位置。这种信息通常存放于索引（Concordance）中。索引将不同的单词按字母顺序排列并记录用到单词的各文本行。

有这么一段话:

Peter Piper pick a peck of pickled peppers.

A peck of pickled peppers peter Piper picked.

If Peter Piper picked a peck of pickled peppers, where is the peck that Peter Piper picked?

单词"piper"在文本中出现了 4 次,位置分别在 1、2、3 行。单词"pickled"出现了 3 次,位

置分别在 1、2 行。

研究用以下方案建立文本文件的索引。

(1) 输入：按文本方式打开文档，逐词输入文本，跟踪记录当前行（第 1 行、第 2 行等）。

(2) 动作：定义一个记录，它由单词、频率计数以及存放出现该单词的各行行号的表组成，对文本的每一行进行逐词处理。对于在文本中第 1 次出现的单词，生成一个记录并将它插入到树中。如果单词已经在树中，则更新频率和行号表。

(3) 输出：读完文件后，打印出按字母排序的单词表、频率计数以及出现单词的各行行号的有序表。

对于大的文档，二叉搜索树是存储单词的有效结构。最后得到的树通常比较均衡，易于更新。

1. 数据结构

树节点中的数据是一个包含串、频率计数以及行号表的 Word 对象。另外，对象中还包括上次出现该单词的文本行的行号。这就确保可以处理单词在一行中多次出现的情况，此时只将行号放到表中一次。

wordText	count	LinkedList\<int\> LineNumbers	LastLineNo

Word 类的成员函数重载关系运算符"=="和"<"以及标准输入/输出流运算符。

```
class Word
{
    private:
        //wordText 为单词的文本串，count 为它出现的频率
        String wordText;
        int count;
        //行计数器可在整个 Word 对象中共享
        static int lineno;
        //单词上次出现的行号,用于是否将行号插入到 lineNumbers 中
        int lastLineNo;
        LinkedList<int> lineNumbers;
    public:
        Word(void);//构造函数
        //公有的类操作
        void CountWord (void);
        String& Key(void);
        //供类 BinSTree 使用的比较运算符
        int operator== (const Word& w) const;
        int operator< (const Word& w) const;
        //Word 的输入/输出运算符
        friend istream& operator>> (istream& istr, Word& w);
        friend ostream& operator<< (ostream& ostr, Word& w);
```

};

2. 实现 Word 类

对于每个单词,构造函数都将 count(频率)初始化为 0,将 lastLineNo(上次行号)初始化为 -1。重载的关系运算符"<"和"=="对于树类操作 Insert 和 Find 是必须的,它们是通过比较两个对象的文本串实现的。这些函数的代码在文件"word.h"中。

类中定义了静态数据成员 lineno。该变量是私有的,仅供类成员和友元函数访问。但其实质是以"Word::lineno"名义定义的外部子类的量。因此,它可供所有 Word 对象共享。这是正确的,因为所有 Word 类对象都要访问输入文件的当前行。使用静态数据成员允许带访问控制的数据共享,这要优于全局变量。

(1)输入运算符">>"。输入运算符从流中读取数据,一次一个单词。一个单词必须以字母开头,后跟以字母或数字序列。输入一个单词时要忽略前面的非字母字符,这样可以确保跳过单词之间的空格和标点符号。输入过程在文件结尾处终止。如果到了行尾,则全局变量 lineno 增 1。

```
//跳过单词前面的非字母字符
while (istr.get(c) && ! isalpha(c))
    //若到行结束符,则行号计数器加 1
    if ( c == '\n')
        w.lineno++;
```

单词的开头被识别由">>"运算符接收字符,它读取字母或数字直到发现非字母和数字字符为止。单词中的字符被转换为小写并存储在 C++ 局部串变量 wd 中。这使得所作的索引不区分大小写。如果在单词后遇到行尾符,则将它回放到流中,这样从文档中读取下一个单词时会再碰到它。函数最后将 wd 赋值给 wordText,将 count 设为 0,lastLineNo 置为值 lineno。

```
//若非文件结束,则读入单词
if (! istr.eof)
{
    //将单词的第一个字符换成小写字符,并赋给 wd
    c = tolower(c);
    wd[i++] = c;
    //继续读入后续的字母或数字字符,并转换成小写
    while (istr.get(c) && (isalpha(c) || isdigit(c)))
        wd[i++] = tolower(c);
    //给 wd 加上串结束符 null
    wd[i] = '\0';
    //若当前单词后有新行符,留给下一个单词处理
    if (c == '\n')
        istr.putback(c);
    //将 wd 赋给 wordText,count 置为 0 且 lastLineNo 置为 lineno
    w.wordText = wd;
    w.count = 0;
```

```
    w.lastLineNo = w.lineno;
}
```

(2) 函数 CountWord。从文本中读取一个单词后，调用函数 CountWord 对 count 值和行号表进行更新。count 首先增 1。如果 count 值为 1 则该单词是加入到树中的数据项，其第 1 次出现之处的行号被加入到表中。如果单词已经在树中，则要检查自上次碰到该单词以来行号是否已发生变化。如果已经改变，则当前的行号被加入到表中且用该值更新 lastLineNo。

```
//记录单词出现的频率
void Word::CountWord(void)
{
    //将单词出现频率 count 加 1
    count++;
    //若该单词第一次出现或在新行中第一次出现，则将行号加入到行号表中。
    //并将 lastLineNo 值改为当前行
    if (count == 1 || lastLineNo != lineno)
    {
        lineNumbers.InsertRear(lineno);
        lastLineNo = lineno;
    }
}
```

(3) 输出运算符"<<"。流输出运算符打印单词和计数值，后面跟以单词出现之处的行号的有序表。

$$<text>\cdots\cdots\cdots\cdots\cdots\cdots\cdots\cdots\cdots\cdots\cdots\cdots<count>:l_1\ l_2\ \cdots\ l_n$$

具体做法是，打印文本后以右对齐方式打印 count 值，填充字符为"."。行号则通过遍历链表打印出来。

```
//输出 Word 对象
ostream& operator<< (ostream& ostr, Word& w)
{
    //输出单词
    ostr << w.wordText;
    //以右对齐方式输出 count 值，填充符为'.'
    ostr.fill('.');
    ostr << setw(25 - w.wordText.Length) << w.count << ": ";
    ostr.fill(' ');//将填充符重置为空格
    //遍历链表输出行号
    for(w.lineNumbers.Reset;! w.lineNumbers.EndOfList;
                            w.lineNumbers.Next)
        ostr << w.lineNumbers.Data << "  ";
    ostr << endl;
    return ostr;
}
```

[例 8-7-1] 文本索引。本程序定义了存储 Word 对象的二叉搜索树 concordTree。打

开文本文件"concord.txt"以后,流输入运算符不断读取单词,直到文件尾为止。每个单词要么被插入到树中,要么用来更新信息(如果该单词以前出现过)。处理完所有单词后,执行一遍中序遍历。按字母顺序打印出单词。Word 类包含于文件"word.h"中。完整程序见 prg8_7_1.cpp。

```
#include <iostream>
using namespace std;
#include <fstream>
#include <stdlib.h>
#include "word.h"   //引入类 Word
#include "bstree.h" //引入类 BinSTree
#include "treescan.h" //用于中序遍历
//用于函数 Inorder
void PrintWord(Word& w)
{
    cout << w;
}
void main()
{
    //定义 Word 对象构成的树及输入流 fin
    BinSTree<Word> concordTree;
    ifstream fin;
    Word w;
    //打开文件"concord.txt"
    fin.open("concord.txt", ios::in);
    if (! fin)
    {
        cerr << "Cannot open \"concord.txt\"\n";
        exit(1);
    }
    //从 fin 中读入 Word 对象,直到文件结束
    while(fin >> w)
    {
        //在树中搜索 w
        if (concordTree.Find(w) == 0)
        {
            //w 不在树中,修改该单词的计数器并往树中插入该单词
            w.CountWord;
            concordTree.Insert(w);
        }
        else
        {
            //w 在树中,修改该单词的计数器并修改其在树中的信息
```

```
        w.CountWord；
        concordTree.Update(w);
    }
}
//按字母顺序输出该树
Inorder(concordTree.GetRoot(), PrintWord);
}
```

运行结果：

```
a............3: 1    2    3
if...........1: 3
is...........1: 4
of...........3: 1    2    3
peck.........4: 1    2    3    4
peppers......3: 1    2    3
peter........4: 1    2    3    4
pick.........1: 1
picked.......2: 2    3
pickled......3: 1    2    3
piper........4: 1    2    3    4
that.........1: 4
the..........1: 4
where........1: 4
请按任意键继续...
```

习　题

1. 单项选择题。

(1) 树最适合用来表示(　　)。

A. 有序数据元素　　　　　　　　B. 无序数据元素

C. 元素之间具有分支层次关系的数据　　D. 元素之间无联系的数据

(2) 二叉树的第 k 层的节点数最多为(　　)。

A. $2^k - 1$　　　　B. $2k + 1$　　　　C. $2k - 1$　　　　D. 2^{k-1}

(3) 设某棵二叉树的中序遍历序列为 ABCD，前序遍历序列为 CABD，则后序遍历该二叉树得到序列为(　　)。

A. BADC　　　　B. BCDA　　　　C. CDAB　　　　D. CBDA

(4) 设某棵二叉树中有 2 000 个节点，则该二叉树的最小高度为(　　)。

A. 9　　　　B. 10　　　　C. 11　　D. 12

(5) 设二叉树的先序遍历序列和后序遍历序列正好相反，则该二叉树满足的条件是(　　)。

A. 空或只有一个节点　　　　　　B. 高度等于其节点数

C. 任一节点无左孩子　　　　　　D. 任一节点无右孩子

(6) (　　)二叉排序树可以得到一个从小到大的有序序列。

A. 先序遍历　　　　B. 中序遍历　　　　C. 后序遍历　　　　D. 层次遍历

（7）设按照从上到下、从左到右的顺序从 1 开始对完全二叉树进行顺序编号，则编号为 i 节点的左孩子节点的编号为（　　）。

A. $2i+1$　　　　B. $2i$　　　　C. $i/2$　　　　D. $2i-1$

（8）设某棵二叉树的高度为 10，则该二叉树上叶子节点最多有（　　）个。

A. 20　　　　B. 256　　　　C. 512　　　　D. 1 024

（9）二叉排序树中左子树上所有节点的值均（　　）根节点的值。

A. <　　　　B. >　　　　C. =　　　　D. ! =

2. 画出含 3 个节点的所有可能的二叉树。

3. 算法填空。

二叉搜索树的查找——递归算法：

```
bool Find(BTreeNode * BST,ElemType& item)
{   if (BST==NULL)
      return false；//查找失败
   else {
      if (item==BST->data){
         item=BST->data；//查找成功
         return _____；}
      else if(item<BST->data)
         return  Find(_____, item);
      else   return Find(_____, item);
   }//if
}
```

4. 下面程序段的功能是建立二叉树的算法，请在下画线处填上正确的内容。

```
typedef struct node
{
   int data；
   struct node  * lchild；
   _____；
}bitree；
void createbitree(bitree * &bt)
{
   scanf("%c",&ch)；
   if(ch=='#') _____；
   else
   {
      bt=(bitree * )malloc(sizeof(bitree))；
      bt->data=ch； _____；
      createbitree(bt->rchild)；
   }
}
```

5. 设有一组初始记录,关键字为(45,80,48,40,22,78),要求构造一棵二叉排序树并给出构造过程。

6. 考察以下二叉树:

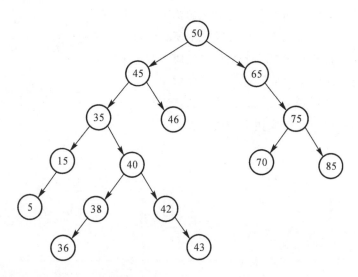

(1)若插入值为 30 的节点,则其双亲节点是哪个节点?
(2)若插入值为 41 的节点,则其双亲节点是哪个节点?
(3)用前序、中序及后序遍历遍历树。

7. 编写函数,计算二叉树中边的条数。

    int CountEdges(TreeNode<T> * tree);

8. 编写函数,用 RLN 遍历遍历二叉树。

    void PostOrder_Right(TreeNode<T> * t,void visit(T& item));

9. 对以下各字母表,画出按所给顺序插入字母时所生成的二叉搜索树。

(1)D,A,E,F,B,K
(2)G,J,L,M,P,A
(3)D,H,P,Q,Z,L,M
(4)S,J,K,L,X,F,E,Z

10. 编写函数:

    void * InsertOne(BinSTree<T> &t, T item);

若 item 不在二叉搜索树 t 中,则将 item 插入到 t 中,否则函数不作插入而返回。

11. 编写函数:

    TreeNode<T> * Min(TreeNode<T> * t);

返回指向二叉搜索树的最小节点的指针,请分别用迭代法和递归法实现。

12. 编写循环迭代函数:

    template<class T>
    int NodeLevel(const BinSTree<T> &T,const T& elem);

确定 elem 在树中的层次,若不在树中则返回 −1。

13. 编写一个主程序,读取一个表达式,建立相应的表达式树。用 PrintVTree 垂直打印出树并打印出表达式的中缀和后缀式。
14. 设计一个求节点 x 在二叉树中的双亲节点算法。
15. 设计计算二叉树中所有节点值之和的算法。
16. 设计在链式存储结构上交换二叉树中所有节点左右子树的算法。
17. 设计一个在链式存储结构上统计二叉树中节点个数的算法。
18. 在链式存储结构上建立一棵二叉排序树。
19. 设计判断二叉树是否为二叉排序树的算法。
20. 设计求节点在二叉排序树中层次的算法。

第 9 章　继承与派生

继承是面向对象程序设计中的重要特性,是软件复用的一种形式。继承和派生是同一种概念的不同说法,通常说子类继承父类(基类),父类派生出子类。

9.1　类　的　继　承

类是一种抽象数据类型,是对具有共同属性和行为的对象(事物)的抽象描述。通常人们为了研究问题方便,对事物按照层次进行分解,使得处于顶层(上层)的抽象事物具有处于底层抽象事物的共同特征,而处于底层的事物不但具有该类抽象事物的共同特征,其本身还具有自身独有的特点。

图 9-1 展示了交通工具的类层次。最顶部的类称为基类,是交通工具类。汽车类就是交通工具类的一个子类。当然也可以从交通工具类派生出其他类,如飞机类、火车类等。汽车类还有三个子类:小汽车类、卡车类、公交车类,每个类都是以汽车类作为其父类的。同样,小汽车类下面也派生出面包车、轿车两个子类。这就表明,一个类在做子类的同时,也可以成为另一个类的父类。

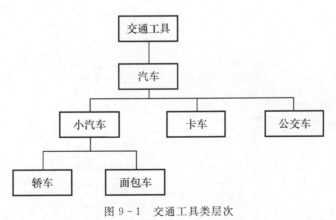

图 9-1　交通工具类层次

对于类的继承同样如此,在编写软件的过程中,将软件的各个功能封装起来,形成一个个独立的类,然后通过继承关系将各项功能整合起来。一方面,在调试软件的过程中,由于已经将各个功能封装在不同的类中,因此,如果软件运行出现问题就能够及时地发现并定位错误,如果需要对该软件的某些功能进行改进,只需要对该模块对应的类进行改进就可以了。另一方面,在以后的开发中,如果需要实现的功能与该软件的功能模块类似或相同,就可以直接在该功能模块对应的类上进行修改或直接对其继承使用,从而可以大大缩短新软件的开发周期。

9.2 派生类继承方式

1. 派生类的声明

声明一个派生类的一般格式:

  class 派生类名:[继承方式] 基类名
  {
    派生类新增的数据成员和成员函数
  };

上述的继承方式主要是规定如何访问从基类继承的成员。它可以由关键字 private、protected 和 public 来分别表示私有继承、保护继承和公有继承。如果不显示继承方式关键字,系统默认为私有继承。继承方式指定派生类成员以及类外对象对于从基类继承来的成员的访问权限。

2. 基类成员在派生类中的访问属性

对于不同的继承方式,基类成员在派生类中的访问属性也是不同的,表 9-1 列出了基类成员在派生类中的访问属性。

表 9-1 基类成员在派生类中的访问属性

基类私有成员	继承方式	基类成员在派生类中的访问属性
private	public	不可直接访问
private	protected	不可直接访问
private	private	不可直接访问
protected	public	protected
protected	protected	protected
protected	private	private
public	public	public
public	protected	protected
public	private	private

3. 派生类对基类成员的访问规则

派生类对基类成员的访问规则,访问方式包括两种:内部访问和对象访问。同样的 3 种继承方式下,派生类对基类成员的访问也分为 3 类。

(1) 私有继承的访问规则。

[例 9-2-1] 完整程序见 prg9_2_1.cpp。

```cpp
#include <iostream>
using namespace std;
class A
{
    private:
        int a1;
    protected:
        int a2;
    public:
        int a3;
        A(int a1_v);
        void showA();
};
A::A(int a1_v)
{
    a1=a1_v;
}
void A::showA()
{
    cout<<"a1="<<a1<<endl;
}
//私有继承,所有基类成员在派生类中成员为私有的
class B:private A
{
    private:
        int b;
    public:
        B(int b_v,int a1_v,int a2_v,int a3_v);
        void showB();
};
B::B(int b_v,int a1_v,int a2_v,int a3_v):A(a1_v)
{
    a2=a2_v;        //内部可以访问
    a3=a3_v;        //内部可以访问
    b=b_v;
}
void B::showB()
{
    //cout<<"a1="<<a1<<endl;   //a1 不可访问
    showA;                     //间接访问
    cout<<"a2="<<a2<<endl;
    cout<<"a3="<<a3<<endl;
    cout<<"b="<<b<<endl;
```

```
    }
    void main()
    {
       B b(4,1,2,3);
       //b.a1=5;              //私有继承,派生类对象不可访问基类数据成员
       //b.a2=5;              //私有继承,派生类对象不可访问基类数据成员
       //b.a3=5;              //私有继承,派生类对象不可访问基类数据成员
       //b.showA();           //私有继承,派生类对象不可访问成员函数
       b.showB();
    }
```

运行结果：

通过例 9－2－1 的程序运行,小结如下。

私有继承：在派生类中就都成了私有成员,因此,派生类的对象访问任何基类中的成员(数据成员 a1,a2,a3)和成员函数 showA()都不被允许。

派生类内部不可访问基类中的私有成员(a1),可访问保护成员(a2)和公有成员(数据成员 a3 及成员函数 showA())。

（2）保护继承的访问规则。

[例 9－2－2] 将上述示例代码中的 private 继承换为 protected,完整程序见 prg9_2_2.cpp。

```
    #include <iostream>
    using namespace std;
    class A
    {
       private:
          int a1;
       protected:
          int a2;
       public:
          int a3;
          A(int a1_v);
          void showA();
    };
    A::A(int a1_v)
    {
       a1=a1_v;
    }
    void A::showA()
```

```cpp
{
    cout<<"a1="<<a1<<endl;
}
//保护继承
class B:protected A
{
    private:
        int b;
    public:
        B(int b_v,int a1_v,int a2_v,int a3_v);
        void showB();
};
B::B(int b_v,int a1_v,int a2_v,int a3_v):A(a1_v)
{
    a2=a2_v;      //内部可以访问
    a3=a3_v;      //内部可以访问
    b=b_v;
}
void B::showB()
{
    //cout<<"a1="<<a1<<endl;   //a1 不可访问
    showA();                   //间接访问
    cout<<"a2="<<a2<<endl;
    cout<<"a3="<<a3<<endl;
    cout<<"b="<<b<<endl;
}
void main()
{
    B b(4,1,2,3);
    //b.a1=5;       //保护继承,派生类对象不可访问基类数据成员
    //b.a3=5;       //保护继承,派生类对象不可访问基类数据成员
    //b.a2=5;       //保护继承,派生类对象不可访问基类数据成员
    //b.showA();    //保护继承,派生类对象不可访问基类成员函数
    b.showB();
}
```

运行结果:

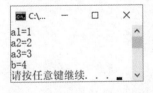

通过例 9-2-2 的程序运行,小结如下。

保护继承:除了私有的基类成员不变外,在派生类中就都成了保护成员,因此,派生类内部

不可访问基类中的私有成员(a1),可访问保护成员(a2)和公有成员(数据成员 a3 和成员函数 showA()),而派生类的对象访问任何基类中的成员(数据成员 a1、a2、a3 和成员函数 showA())都不被允许。a1 是私有成员,不能访问,但 a2、a3 和 showA()被继承下来在派生类中是保护成员,它们不能访问是因为 protected 保护类型的成员可以被本类的成员函数访问,也可以被继承本类的派生类成员函数访问,但类以外的任何访问都不允许,即它为半隐蔽的。

(3) 公有继承的访问规则。

[**例 9 - 2 - 3**] 完整程序见 prg9_2_3.cpp。

```
#include <iostream>
using namespace std;
class A
{
    private:
        int a1;
    protected:
        int a2;
    public:
        int a3;
        A(int a1_v);
        void showA();
};
A::A(int a1_v)
{
    a1=a1_v;
}
void A::showA()
{
    cout<<"a1="<<a1<<endl;
}
//公有继承
class B:public A
{
    private:
        int b;
    public:
        B(int b_v,int a1_v,int a2_v,int a3_v);
        void showB();
};
B::B(int b_v,int a1_v,int a2_v,int a3_v):A(a1_v)
{
    a2=a2_v;        //内部可以访问
    a3=a3_v;        //内部可以访问
    b=b_v;
```

```
    }
    void B::showB()
    {
        //cout<<"a1="<<a1<<endl;       //a1 不可访问
        showA();                        //间接访问
        cout<<"a2="<<a2<<endl;
        cout<<"a3="<<a3<<endl;
        cout<<"b="<<b<<endl;
    }
    void main()
    {
        B b(4,1,2,3);
        //b.a1=5;         //公有继承,派生类对象不可访问基类数据成员 a1
        //b.a2=5;         //公有继承,派生类对象不可访问基类数据成员 a2
        b.a3=5;           //公有继承,派生类对象可访问基类数据成员 a3
        b.showA();        //公有继承,派生类对象可访问基类成员函数 showA()
        b.showB();
    }
```

运行结果:

通过例 9-2-3 的程序运行,小结如下。

公有继承:除了私有的基类成员和保护的基类成员不变外,在派生类中就都成了公有成员,因此,派生类内部不可访问基类中的私有成员(a1),可访问保护成员(a2)和公有成员(数据成员 a3 和成员函数 showA()),而派生类的对象可以访问基类中数据成员 a3 和成员函数 showA(),但不允许访问私有成员 a1 和保护成员 a2。

通过以上三种继承方式和实例可以得出,C++有三个访问说明符对类的成员进行访问控制:public,private 和 protected。public 描述的成员对外界是可见的,可以直接访问,而 private 描述的成员对外界是不可见的,只能通过该类的成员函数来访问。

用 protected 描述的类的成员对外界也是不可见的,也只能通过该类的成员函数来访问。那么,protected 和 private 成员是否一样呢? 孤立地研究一个类,二者没有区别,它们的差别在继承时才能体现出来。基类的 protected 成员可以被派生类的成员函数访问,而基类的 private 成员则不能被派生类的成员函数访问。

从基类派生出新的类时,继承方式有三种:公有继承、受保护继承和私有继承。

使用公有继承时,基类中的公有成员被继承后依然是公有的,基类中的受保护成员被继承后依然是受保护的。

使用受保护继承时,基类中的公有成员和受保护成员被继承后都是受保护的。

使用私有继承时，基类中的公有成员和受保护成员被继承后都是私有的。

对于基类中的私有成员，无论使用哪一种继承方式，派生类中的成员函数（不包括从基类中继承来的那些函数）都不能直接访问基类中定义的私有成员，而只能通过定义在基类中的其他公有成员函数或保护成员函数去访问。但并不是说基类中的私有属性不被继承，声明一个派生类对象时，该对象不仅拥有派生类中定义的所有属性，还拥有定义在基类中的所有属性（包括私有属性），只是对定义于基类中的私有属性的访问方式进行了限制。

9.3 派生类的构造函数和析构函数

基类的构造函数和析构函数不能被继承，必须在派生类的构造函数中对所需的基类构造函数参数进行设置。同样，对于派生类对象的清理工作也需要加入新的析构函数。

对于简单的派生类，即只有一个基类，且直接派生，如果基类的构造函数没有参数，或者没有显式定义构造函数，那么派生类可以不向基类传递参数，甚至可以不定义构造函数。但是一旦基类含有带参数的构造函数时，派生类必须定义构造函数，并把参数传递给基类构造函数。其一般格式为：

```
派生类名(参数总表)::基类名(参数子表)
{
    派生类新增成员的初始化语句；
}
```

而析构函数可以用户自己定义，由于其是不带参数的，所以在派生类中是否要自定义析构函数与它所属基类的析构函数无关。在执行派生类的析构函数时，系统会自动调用基类的析构函数，进行对象清理。

[例 9 - 3 - 1] 简单派生类的构造和析构，完整程序见 prg9_3_1.cpp。

```cpp
#include <string>
#include <iostream>
using namespace std;
class C
{
    private:
        string c;
    public:
        C(){};
        C(string c_v);
        ~C();
        void showC();
};
C::C(string c_v)
{
    c=c_v;
    cout<<"构造对象 c"<<endl;
}
```

```cpp
C::~C()
{
    cout<<"清理对象 c"<<endl;
}
void C::showC()
{
    cout<<"c="<<c<<endl;
}
class D:private C
{
    private:
        string d;
    public:
        D(string d,string c);
        ~D();
        void showD();
};
//参数传递给基类,也可以不写 C(c_v),那么就调用 C 类中无参构造函数
D::D(string d_v,string c_v):C(c_v)
{
    d=d_v;
    cout<<"构造对象 d"<<endl;
}
D::~D()
{
    cout<<"清理对象 d"<<endl;
}
void D::showD()
{
    showC();
    cout<<"d="<<d<<endl;
}
void main
{
    D d("ddd","ccc");
    d.showD();
}
```

运行结果：

```
构造对象c
构造对象d
c=ccc
d=ddd
清理对象d
清理对象c
请按任意键继续. . .
```

可以看到派生类构造函数和析构函数的调用顺序,当创建派生类对象时,首先调用基类的构造函数,再调用派生类构造函数,而当清理对象时,则刚好相反。

如果派生类中存在成员对象,那么构造函数和析构函数的调用顺序又如何呢?在解答这个问题之前,先看一下当派生类中含有子对象时,构造函数的一般格式。

   派生类名(参数总表):基类名(参数子表),对象名1(参数子表1),对象名2(参数子表2)
   {
      派生类新增成员的初始化语句;
   }

通过例9-3-2来说明,并通过实际的运行结果来解答上述的问题。

[例9-3-2] 派生类中存在成员对象时,构造函数和析构函数的调用顺序。完整程序见 prg9_3_2.cpp。

```cpp
#include <iostream>
#include <string>
class C
{
   private:
      std::string c;//如果不用 using namespace std;就得加 std::
   public:
      C(){};
      C(std::string c);
      ~C();
      void showC();
};
C::C(std::string c)
{
   this->c=c;//如果变量同名,加个 this->更好区分一些
   std::cout<<"构造 c 值为"<<c<<"的对象 c"<<std::endl;
}
C::~C()
{
   std::cout<<"清理 c 值为"<<c<<"的对象 c"<<std::endl;
}
void C::showC()
{
   std::cout<<"c="<<this->c<<std::endl;
}
class D:private C
{
   private:
      std::string d;
```

```cpp
        C c;
    public:
        D(std::string d,std::string c1,std::string c2);
        ~D();
        void showD();
};
//参数传递给基类,也可以不写C(c1)或c(c2),那就调用C类中无参构造函数
D::D(std::string d,std::string c1,std::string c2):C(c1),c(c2)
{
    this->d=d;
    std::cout<<"构造对象 d"<<std::endl;
}
D::~D()
{
    std::cout<<"清理对象 d"<<std::endl;
}
void D::showD()
{
    showC();
    c.showC();
    std::cout<<"d="<<this->d<<std::endl;
}
void main()
{
    D d("ddd","ccc1","ccc2");
    d.showD();
}
```

运行结果：

结果清楚地显示了其构造函数和析构函数的调用顺序。需要补充说明的是，如果派生类的基类也是派生类，那么每个派生类只需要负责其直接的基类数据成员的初始化。

在定义派生类时，C++允许派生类中的成员名和基类中的成员名相同，出现这种情况时，派生类成员覆盖了基类中使用相同名称的成员，即在派生类中或用对象访问该同名成员时，所访问的只是派生类中的成员，基类中的就自动被忽略。但如果确实要访问基类中的同名

成员，必须在成员名前加上基类名和作用域标识符"::"。

9.4 虚 函 数

在介绍虚函数之前，先介绍关于基类与派生类对象之间的赋值兼容关系，它是之后学习虚函数的基础。有时候会把整型数据赋值给双精度类型的变量，在赋值之前，先把整型数据转换为双精度的，再把它赋值给双精度类型的变量。这种不同类型数据之间的自动转换和赋值，称为赋值兼容。同样，在基类和派生类之间也存在着赋值兼容关系，它是指需要基类对象的任何地方都可以使用公有派生类对象来代替。为什么只有公有继承的才可以呢？因为在公有继承中派生类保留了基类中除了构造和析构之外的所有成员，基类的公有或保护成员的访问权限都按原样保留下来，在派生类外可以调用基类的公有函数来访问基类的私有成员。因此基类能实现的功能，派生类也可以实现。

具体如何体现呢？①派生类对象直接向基类赋值，赋值效果为基类数据成员和派生类中数据成员的值相同；②派生类对象可以初始化基类对象的引用；③派生类对象的地址可以赋给基类对象的指针；④函数形参是基类对象或基类对象的引用，在调用函数时，可以用派生类的对象作为实参。

［例9-4-1］ 基类与派生类对象之间的赋值兼容关系，完整程序见 prg9_4_1.cpp。

```cpp
#include<iostream>
#include<string>
class ABCBase
{
    private:
        std::string ABC;
    public:
        ABCBase(std::string abc)
        {
            ABC=abc;
        }
        void showABC();
};
void ABCBase::showABC()
{
    std::cout<<"字母 ABC=>"<<ABC<<std::endl;
}
class X:public ABCBase
{
    public:
        X(std::string x):ABCBase(x){}
};
void function(ABCBase &base)
{
```

```
        base.showABC();
    }
    void main()
    {
        ABCBase base("A");
        base.showABC();
        X x("B");
        base=x;
        base.showABC();
        ABCBase &base1=x;
        base1.showABC();
        ABCBase *base2=&x;
        base2->showABC();
        function(x);
    }
```

运行结果：

要注意的是：①在基类和派生类对象的赋值时，该派生类必须是公有继承的；②只允许派生类对象向基类对象赋值，反过来不允许。

虚函数允许函数调用与函数体之间的联系在运行时才建立，即在运行时才决定如何动作。虚函数声明的格式：

```
        virtual 返回类型 函数名(形参表)
        {
            函数体
        }
```

那么定义虚函数有什么用呢？通过例9-4-2来说明，完整程序见prg9_4_2.cpp。

[例9-4-2] 定义虚函数。

```
        #include <iostream>
        #include <string>
        class Graph
        {
            protected:
                double x;
                double y;
            public:
                Graph(double x,double y);
                void showArea();
        };
```

```cpp
Graph::Graph(double x,double y)
{
    this->x=x;
    this->y=y;
}
void Graph::showArea()
{
    std::cout<<"计算图形面积"<<std::endl;
}
class Rectangle:public Graph
{
    public:
        Rectangle(double x,double y):Graph(x,y){};
        void showArea();
};
void Rectangle::showArea()
{
    std::cout<<"矩形面积为:"<<x*y<<std::endl;
}
class Triangle:public Graph
{
    public:
        Triangle(double d,double h):Graph(d,h){};
        void showArea();
};
void Triangle::showArea()
{
    std::cout<<"三角形面积为:"<<x*y*0.5<<std::endl;
}
class Circle:public Graph
{
    public:
        Circle(double r):Graph(r,r){};
        void showArea();
};
void Circle::showArea()
{
    std::cout<<"圆形面积为:"<<3.14*x*y<<std::endl;
}
void main()
{
    Graph *graph;
    Rectangle rectangle(10,5);
```

```
        graph=&rectangle;
        graph->showArea();
        Triangle triangle(5,2.4);
        graph=&triangle;
        graph->showArea();
        Circle circle(2);
        graph=&circle;
        graph->showArea();
    }
```

运行结果：

结果似乎和想象的不一样，既然 Graph 类（图形类）的对象 graph 指针分别指向了 Rectangle 类（矩形类）对象、Triangle 类（三角类）对象以及 Circle 类（圆类）对象，那么就应该执行它们自己所对应成员函数 showArea，结果怎么会是 Graph 类的对象 graph 里的成员函数呢？这似乎和前面所讲到的派生类成员覆盖了基类中使用相同名称的成员（派生类对象调用同名成员函数是来自于自己类中成员函数，而非基类中的）有所不同。其实当基类对象指针指向公有派生类的对象时，它只能访问从基类继承下来的成员，而不能访问派生类中定义的成员。但是使用动态指针就是为了表达一种动态调用的性质，即当前指针指向哪个对象，就调用那个对象对应类的成员函数。

怎么解决这个问题？使用虚函数。其实只需要对上一个示例代码中所有的类里出现的 showArea 函数声明之前加一个关键字 virtual 即可。

［例 9-4-3］ 完整程序见 prg9_4_3.cpp。

```
    #include <iostream>
    #include <string>
    class Graph
    {
        protected:
            double x;
            double y;
        public:
            Graph(double x,double y);
            virtualvoid showArea();      //定义为虚函数或 virtual void showArea
    };
    Graph::Graph(double x,double y)
    {
        this->x=x;
        this->y=y;
    }
```

```cpp
void Graph::showArea()
{
    std::cout<<"计算图形面积"<<std::endl;
}
class Rectangle:public Graph
{
    public:
        Rectangle(double x,double y):Graph(x,y){};
        virtual void showArea();        //定义为虚函数
};
void Rectangle::showArea()
{
    std::cout<<"矩形面积为:"<<x*y<<std::endl;
}
class Triangle:public Graph
{
    public:
        Triangle(double d,double h):Graph(d,h){};
        virtual void showArea();        //定义为虚函数
};
void Triangle::showArea()
{
    std::cout<<"三角形面积为:"<<x*y*0.5<<std::endl;
}
class Circle:public Graph
{
    public:
        Circle(double r):Graph(r,r){};
        virtual void showArea();        //定义为虚函数
};
void Circle::showArea()
{
    std::cout<<"圆形面积为:"<<3.14*x*y<<std::endl;
}
void main()
{
    Graph *graph;
    Rectangle rectangle(10,5);
    graph=&rectangle;
    graph->showArea();
    Triangle triangle(5,2.4);
    graph=&triangle;
    graph->showArea();
```

```
            Circle circle(2);
            graph=&circle;
            graph->showArea();
        }
```

运行结果：

在基类中的某成员函数被声明为虚函数后，在之后的派生类中可以重新定义它。但定义时，其函数原型，包括返回类型、函数名、参数个数、参数类型的顺序，都必须和基类中的原型完全相同。其实在上述修改后的示例代码里，只要在基类中显式声明了虚函数，那么在之后的派生类中就不需要用 virtual 来显式声明了，因为系统会根据其是否和基类中虚函数原型完全相同来判断其是不是虚函数。因此，上述派生类中的虚函数如果不显式声明也还是虚函数。

最后对虚函数作几点补充说明：①因为虚函数使用的基础是赋值兼容，而赋值兼容成立的条件是派生类是从基类公有派生而来。所以使用虚函数时，派生类必须是基类公有派生的。②定义虚函数，不一定要在最高层的类中，而是在需要动态多态性的几个层次中的最高层类中声明虚函数。③虽然在例 9-4-3 示例代码中，main 主函数实现部分也可以使用相应图形对象和点运算符的方式来访问虚函数，如 rectangcle.showArea，但是这种调用在编译时进行静态联编，它没有充分利用虚函数的特性。只有通过基类对象来访问虚函数才能获得动态联编的特性。④一个虚函数无论被公有继承了多少次，它仍然是虚函数。⑤虚函数必须是所在类的成员函数，而不能是友元函数，也不能是静态成员函数。因为虚函数调用要靠特定的对象类决定该激活哪一个函数。⑥内联函数不能是虚函数，因为内联函数是不能在运行中动态确定其位置的，即使虚函数在类内部定义，编译时也将其看作非内联。⑦构造函数不能是虚函数，但析构函数可以是虚函数。

如果在 main 主函数中用 new 建立一个派生类无名对象和定义一个基类对象指针，并将无名对象的地址赋给基类对象指针时，当用 delete 运算符来撤销无名对象时，系统只执行基类析构函数，而不执行派生类析构函数。

［例 9-4-4］ 完整程序见 prg9_4_4.cpp。

```
#include <iostream>
#include <string>
class Graph
{
    protected:
        double x;
        double y;
    public:
        Graph(double x,double y);
        virtual void showArea();    //定义为虚函数或 virtual void showArea
        ~Graph();
```

```cpp
};
Graph::Graph(double x,double y)
{
    this->x=x;
    this->y=y;
}
void Graph::showArea()
{
    std::cout<<"计算图形面积"<<std::endl;
}
Graph::~Graph()
{
    std::cout<<"调用图形类析构函数"<<std::endl;
}
class Rectangle:public Graph
{
    public:
        Rectangle(double x,double y):Graph(x,y){};
        virtual void showArea();    //定义为虚函数
        ~Rectangle();
};
void Rectangle::showArea()
{
    std::cout<<"矩形面积为:"<<x*y<<std::endl;
}
Rectangle::~Rectangle()
{
    std::cout<<"调用矩形类析构函数"<<std::endl;
}
void main
{
    Graph *graph;
    graph=new Rectangle(10,5);
    graph->showArea();
    delete graph;
}
```

运行结果：

撤销指针 graph 所指的派生类对象,在调用析构函数时,采用静态联编,只调用了 Graph 类的析构函数。如果也想调用派生类 Rectangle 类的析构函数,可将 Graph 类的析构函数定

义为虚析构函数。其定义的一般格式：

```
virtual ~类名()
{
    函数体
};
```

虽然派生类的析构函数与基类的析构函数名字不同，但是如果将基类的析构函数定义为虚函数，由该基类派生而来的所有派生类的析构函数都自动成为虚函数。把例9-4-4中的Graph类的析构函数前加上关键字virtual再运行，显然这个运行结果才是所需要的。

通过上述例题使用虚函数后，会发现其实Graph类中的虚函数的函数体根本没有被用到过，就算被用到，该基类体现了图形的抽象的概念，并不与具体事物相联系。因此基类中的虚函数也没有实质性的功能。因此只需要在基类中留下一个函数名，而具体的实现留给派生类去定义，这就是纯虚函数。纯虚函数的一般形式：

    virtual 返回类型 函数名(形参表)＝0；

这里的"＝0"并不是函数的返回值等于零，它只是起到形式上的作用，告诉编译系统"这是纯虚函数"。纯虚函数不具备函数功能，不能被调用。

```
class Graph
{
    protected:
        double x;
        double y;
    public:
        Graph(double x,double y);
        virtualvoid showArea=0;    //定义纯虚函数
};
Graph::Graph(double x,double y)
{
    this->x=x;
    this->y=y;
}
```

如果一个类中至少有一个纯虚函数，那么就称该类为抽象类。故上述中Graph类就是抽象类。

对于抽象类有以下几个注意点：①抽象类只能作为其他类的基类来使用，不能建立抽象类对象。②不允许从具体类中派生出抽象类（不包含纯虚函数的普通类）。③抽象类不能用作函数的参数类型、返回类型和显式转化类型。④如果派生类中没有定义纯虚函数的实现，而只是通过继承成了基类的纯虚函数，那么该派生类仍然为抽象类。一旦给出了对基类中虚函数的实现，那么派生类就不是抽象类了，而是可以建立对象的具体类。

[例9-4-5] 完整程序见prg9_4_5.cpp。

```cpp
#include <iostream>
#include <string>
class Graph //抽象类
{
    protected:
        double x;
        double y;
    public:
        Graph(double x,double y);
        //virtual void showArea();    //定义为虚函数
        virtual void showArea=0;      //定义纯虚函数
        virtual ~Graph();             //定义虚析构函数
};
Graph::Graph(double x,double y)
{
    this->x=x;
    this->y=y;
}
void Graph::showArea()
{
    std::cout<<"计算图形面积"<<std::endl;
}
Graph::~Graph()
{
    std::cout<<"调用图形类析构函数"<<std::endl;
}
class Rectangle:public Graph
{
    public:
        Rectangle(double x,double y):Graph(x,y){};
        void showArea();       //虚函数
        ~Rectangle();          //虚析构函数
};
void Rectangle::showArea()
{
    std::cout<<"矩形面积为:"<<x*y<<std::endl;
}
Rectangle::~Rectangle()
{
    std::cout<<"调用矩形类析构函数"<<std::endl;
}
class Triangle:public Graph
```

```cpp
{
public:
    Triangle(double d,double h):Graph(d,h){};
    virtual void showArea();    //虚函数
    ~Triangle;                  //虚析构函数
};
void Triangle::showArea
{
    std::cout<<"三角形面积为:"<<x*y*0.5<<std::endl;
}
Triangle::~Triangle
{
    std::cout<<"调用三角形类析构函数"<<std::endl;
}
class Circle:public Graph
{
public:
    Circle(double r):Graph(r,r){};
    virtual void showArea();    //虚函数
    ~Circle();                  //虚析构函数
};
void Circle::showArea()
{
    std::cout<<"圆形面积为:"<<3.14*x*y<<std::endl;
}
Circle::~Circle()
{
    std::cout<<"调用圆形类析构函数"<<std::endl;
}
void main()
{
    //Graph g(10,10);      //抽象类不能建立对象
    Graph *graph;
    Rectangle rectangle(10,5);
    graph=&rectangle;
    graph->showArea();
    Triangle triangle(5,2.4);
    graph=&triangle;
    graph->showArea();
    Graph *graph1;
    graph1=new Circle(2);     //new 运算符建立无名对象
    graph1->showArea();
    delete graph1;            //delete 运算符撤销派生类 Circle 无名对象
```

}

运行结果：

习 题

1. 单项选择题。

(1) C++中,下列关于继承的描述(　　)是错误的。

A. 继承是基于对象操作的层面而不是类设计的层面上的

B. 子类可以继承父类的公共行为

C. 继承是通过重用现有的类来构建新的类的一个过程

D. 将相关的类组织起来,从而可以共享类中的共同的数据和操作

(2) 在 C++ 类体系中,不能被派生类继承的是(　　)。

A. 转换函数　　　　B. 构造函数　　　　C. 虚函数　　　　D. 静态成员函数

(3) 定义派生类时,若不使用关键字显式地规定采用何种继承方式,则默认方式为(　　)。

A. 私有继承　　　　B. 非私有继承　　　C. 保护继承　　　D. 公有继承

(4) 下列关于基类和派生类关系的叙述中,正确的是(　　)。

A. 每个类最多只能有一个直接基类

B. 派生类中的成员可以访问基类中的任何成员

C. 基类的构造函数必须在派生类的构造函数体中调用

D. 派生类除了继承基类的成员,还可以定义新的成员

(5) 可以用 p.a 的形式访问派生类对象 p 的基类成员 a,其中 a 是(　　)。

A. 私有继承的公有成员　　　　　　　B. 公有继承的私有成员

C. 公有继承的保护成员　　　　　　　D. 公有继承的公有成员

(6) 建立派生类对象时,3 种构造函数分别是:a(基类的构造函数)、b(成员对象的构造函数)、c(派生类的构造函数),这 3 种构造函数的调用顺序为(　　)。

A. abc　　　　　　B. acb　　　　　　C. cab　　　　　　D. cba

(7) C++ 语言建立类族是通过(　　)。

A. 类的嵌套　　　　B. 类的继承　　　　C. 虚函数　　　　D. 抽象类

(8) 下列选项中,与实现运行时多态性无关的是(　　)。

A. 重载函数　　　　B. 虚函数　　　　　C. 指针　　　　　D. 引用

(9) 在 C++中,下列类的成员函数(　　)属于纯虚函数。

A. void display();

B. Virtual void display();

C. Virtual void display()＝0;

D. Virtual void display(){int a＝0};

(10) 分析下面的 C++代码段：

```
class Employee
{
    private:
        int a;
    protected:
        int b;
    public:
        int c;
};
class Director : public Employee{};
```

在 main()中,下列(　)操作是正确的。

A. Employee obj;
　obj.b＝1;

B. Director obj;
　obj.b＝10;

C. Employee obj;
　obj.c＝3;

D. Director obj;
　obj.a＝20;

(11) 在 C++中,以下程序的运行结果为(　)。

```
#include <iostream>
using namespace std;
class One
{
    public:
        void display(){cout<<"1"<<"";}
};
class Two:public One
{
    public:
        void display(){cout<<"2"<<"";}
};
void main()
{
    One first;
    Two second;
    first.display();
    second.display();
    One *p=&first;
    p->display();
    p=&second;
    p->display();
```

}

A. 1 1 1 2   B. 1 2 1 2   C. 1 2 1 1   D. 2 1 1 2

(12)在 C++中,以下操作正确的是(   )。

```
class Employee
{
    private：
        int a；
    protected：
        int b；
    public：
        int c；
        void display();
};
class Director：public Employee
{
    public：
        void show();
};
```

A. void Employee∷show(){cout<<a<<b<<c<<endl;}
B. void Director∷display(){cout<<a<<b<<c<<endl;}
C. void Director∷show(){cout<<a<<b<<c<<endl;}
D. void Director∷show(){cout<<b<<c<<endl;};

(13)以下 C++程序的运行结果是(   )。

```
#include <iostream>
using namespace std;
class A
{
    public：
        virtual~A(){cout<<"A"<<" ";}
};
class B：public A
{
    ~B(){cout<<"B"<<" ";}
};
void main()
{
    A * pObj=new B;
    delete pObj;
}
```

A. A   B. B   C. A B   D. B A

2. 按要求设计层次树并回答问题。

(1)为下列事物设计层次树:运载工具、汽车、柴油机、汽油、飞机、电动式、推进器、喷气式。

(2) 找出"电动式"和"喷气式"的基类。
(3) 列出所有既是基类又是派生类的类。
(4) "运载工具"的派生类有哪些？

3. 请解释多态的意义。

4. 某图形系统在基类 TWindow 中封装了窗口操作，其派生类实现了主程序窗口、对话框和控制。每个类都有初始化窗口中各成员的操作 SenapWindow。可以在基类中说明 SenapWindow 来使用多态性吗？

5. 试说明以下类 Base 的各个派生类声明中有何错误。

```
class Base
{
    ……
    public:
        Base(int a,int b);
    ……
};
```

a)
```
class DerivedCL1:public Base
{
    private:
        int q;
    public:
        DerivedCL1(int z):q(x)
        {}
    ……
};
```

b)
```
class DerivedCL2:public Base
{
    private:
        ……
    public:
        //DerivedCL2 无构造函数
        ……
};
```

6. 考察以下的派生类和基类轮廓。

```
class BaseCL
{
    protected:
        int data1;
        int data2;
    public:
        BaseCL(int a,int b=0):data1(a),data2(b) {}
```

```
            BaseCL(void):data1(0),data2(0) {}
            ……
    };
    class DerivedCL
    {
      private：
        int data3；
      public：
        DerivedCL (int a,int b,int c=0)；    //构造函数 1
        DerivedCL (int a)；                  //构造函数 2
        ……
    };
```
(1)编写构造函数 1，使得 a 被分给派生类，而 b 和 c 被分给基类。
(2)编写构造函数 1，使得 a 被分给派生类，而对基类用缺省构造函数。
(3)假定 DerivedCL 的构造函数定义如上，试给出下列对象中 data1、data2 和 data3 的值：DerivedCL obj1(1,2),obj2(3,4,5),obj3(8)。

7. 试解释为什么析构函数在任何可能被用作基类的类中应被声明为 virtual。

8. 编写删除数组中所有重复数据值并相应地修改对象大小的函数：
        void RemoveDuplicates(Array<int> &A)；

9. 请示意如何利用虚函数建立指向 Circle 和 Rectangle 对象的指针数组(异构数组)并遍历数组、打印图形的面积和周长。

10. 考察下面的继承链：
```
    class Base
    {
        ……
      public：
        void F(void)；
        void G(int x)；
        ……
    };
    class Derived:public Base
    {
        ……
      public：
        void F(void)；
        void G(float x)；
        ……
    };
    class Derived::G(float x)
    {
        ……
        Base::G(10)；
```

......
};

有声明如下：Derived OBJ；

(1)客户程序如何引用基类中的函数 F？

(2)客户程序如何引用派生类中的函数 F？

(3)编译器如何对语句 OBJ.G(20)作出反应？

11. 试解释为什么 Shape 类中的 Area 和 Circumference 方法是纯虚函数。

12. 下列 shape 类是一个表示形状的抽象类，area()为求图形面积的函数，total()则是一个通用的用以求不同形状的图形面积总和的函数。请从 shape 类派生三角形类(triangle)、矩形类(rectangle)，并给出具体的求面积函数。

```
class shape
{
    public：
        virtual float area()=0;
};
float total(shape *s[ ],int n)
{
    float sum=0.0;
    for(int i=0;i<n;i++)
        sum+=s->area();
    return sum;
}
```

参 考 文 献

[1] 郑莉,董渊,何江舟,等. C++语言程序设计. 4版. 北京:清华大学出版社,2011.
[2] 谭浩强. C++语言程序. 3版. 北京:清华大学出版社,2015.
[3] FORD W, TOPP W. Data Structures with C++. 北京:清华大学出版社,1997.
[4] 周会平. 面向对象程序设计基础. 北京:邮电大学出版社,2005.
[5] ROOKIE J.标准C++基础系列．[2020-02-05]. http://www.cnblogs.com/CaiNiaoZJ/category/3346-57.html. 2012.
[6] 徐孝凯. C++语言基础教程. 2版. 北京:清华大学出版社,2007.
[7] STROUSTRUP B. The C++ Programming Languages. 3rd ed. Upper Saddle River:Addison-Wesley Pub Co,1997.
[8] LIPPMAN B, LAJOIE J. C++ Primer. 3rd ed. 潘爱民,译. 北京:中国电力出版社,2002.
[9] DEITEL H M, DEITEL P J. C++ How to Program. 5th ed. Upper Saddle River:Prentice Hall,2005.
[10] DAVIS S R. C++ Primer Plus. 5th ed. Indianapolis:Sams Publishing,2005.
[11] RAMTEKE T S. Introduction to C and C++ for Technical Students:A Skill Building Approach. 施平安,译. 北京:清华大学出版社,2005.
[12] 陈慧南. 算法设计与分析:C++语言描述. 北京:电子工业出版社,2006.
[13] 严蔚敏,吴伟民. 数据结构:C语言版. 北京:清华大学出版社,2007.
[14] 严蔚敏,吴伟民. 数据结构题集:C语言版. 北京:清华大学出版社,2007.
[15] 李春葆. 数据结构教程. 3版. 北京:清华大学出版社,2009.
[16] 教育部考试中心. 全国计算机等级考试二级教程:2008年版. 北京:高等教育出版社,2007.
[17] 吴文虎,王建德.实用算法的分析与程序设计. 北京:电子工业出版社,1998.
[18] 谭浩强. C++语言程序题解与上机指导. 3版. 北京:清华大学出版社,2015.
[19] 谭浩强. C++面向对象程序设计. 2版. 北京:清华大学出版社,2014.